高等职业院校教学改革创新示范教材·计算机系列规划教材

录入技能培训手册

（金融版）

黄　凡　周海峰　主　编

唐雪涛　欧　捷　副主编

U0361029

电子工业出版社

Publishing House of Electronics Industry

北京·BEIJING

内 容 简 介

本书主要内容包括：翻打传票，英文录入，录入的指法，五笔的基础知识，汉字的字型结构，字根在键盘中的分布，各区字根的分布，拆分原则及特殊汉字的拆分，拆分常用汉字，末笔识别码的应用，五笔简码输入，词语输入，五笔输入技巧。

本书在编写过程中力求做到图文并茂、通俗易懂，便于读者掌握金融录入操作技能。

本书适合作为职业院校金融、会计等专业相关课程教材，也适合职业院校其他专业的计算机公共课和学习中英文录入技术的人员使用，还可作为文字录入工作人员的参考用书。

图书在版编目（CIP）数据

录入技能培训手册：金融版/黄凡，周海峰主编. —北京：电子工业出版社，2018.8
ISBN 978-7-121-34447-3

Ⅰ. ①录… Ⅱ. ①黄… ②周… Ⅲ. ①文字处理－高等学校－教材 Ⅳ. ①TP391.1

中国版本图书馆CIP数据核字（2018）第124234号

·

策划编辑：程超群
责任编辑：裴 杰
印　　刷：北京七彩京通数码快印有限公司
装　　订：北京七彩京通数码快印有限公司
出版发行：电子工业出版社
　　　　　北京市海淀区万寿路173信箱　邮编100036
开　　本：787×1 092　1/16　印张：11.75　字数：300.8千字
版　　次：2018年8月第1版
印　　次：2018年8月第1次印刷
定　　价：35.00元

PREFACE 前言

中英文录入技术是职业院校金融、会计等专业主要的专业技能课程。长期以来，由于中英文录入训练枯燥、强度高，特别是"五笔字型汉字输入法"的记忆量较大，造成学生在学习中产生畏难情绪，录入训练的积极性和训练效率普遍偏低。本教材的编写以新课程改革中的教育思想和教学方法为指导，综合编者多年的教学实践经验，展现了教材结构的改革，加强了实践训练，注重学生学习兴趣的培养和科学训练，使其成为与行业要求接轨的互动式教材。

本书主要包括三个项目，翻打传票录入、英文录入技能、五笔录入技能。本书讲解的主要内容包括：翻打传票，英文录入，录入的指法，五笔的基础知识，汉字的字型结构，字根在键盘中的分布，各区字根的分布，拆分原则及特殊汉字的拆分，拆分常用汉字，末笔识别码的应用，五笔简码输入，词语输入，五笔输入技巧。本书在编写过程中力求做到图文并茂、通俗易懂，便于读者掌握金融录入操作技能。

本书提供了丰富，并具有代表性的技能训练内容，可使用配套的录入技能实训平台进行练习与测试。教学内容可安排在70课时内完成，如果条件允许，建议在一个月之内完成所有技能训练。通过短时间的高强度练习与测试，有利于学生快速掌握翻打传票和中英文的录入技能方法，较快地提高录入速度，达到相关工作岗位对从业人员录入技能水平的要求。

本书适合作为职业院校金融、会计等专业相关课程教材，也适合职业院校其他专业的计算机公共课和学习中英文录入技能的人员使用，还可作为文字录入工作人员的参考用书。

本书由广西金融职业技术学院（广西银行学校）黄凡和周海峰担任主编，广西金融职业技术学院（广西银行学校）唐雪涛和欧捷担任副主编，广西金融职业技术学院（广西银行学校）陈一心、徐枫、仇雅、杨吉才、卜一川、莫海楼等老师参编。其中，数字录入训练、五笔词组录入训练、中文综合文章录入训练由黄凡编写，翻传票训练由唐雪涛编写，计算机翻打传票训练由徐枫编写，计算器翻打传票由欧捷编写，英文指法训练由杨吉才编写，单词录入训练由卜一川编写，英文综合文章录入训练由陈一心编写，字根录入训练由仇雅编写，五笔拆字录入训练由莫海楼编写，五笔单字录入训练由周海峰编写，以上各位参编人员均参加了资料收集整理工作。全书由黄凡统稿。本书中录入训练中的词语仅供学生进行录入训练，词语的正确用法请参照最新版的《现代汉语词典》。

由于编者水平有限，编写时间仓促，书中难免存在疏漏之处，敬请读者批评指正。

联系邮箱：64816103@qq.com

编　者

CONTENTS 目录

项目一

翻打传票录入技能

【技能要求】

- 养成良好的坐姿习惯
- 熟知常用按键的功能
- 掌握正确的数字盲打输入
- 掌握票据的整理、摆放、找页和翻页
- 掌握翻打传票的录入技能的操作流程

技能 1.1　数字录入训练

【训练指导】

- 基准键的输入
- 横排组合数字的输入
- 竖排组合数字的输入
- 拇指与其他手指组合数字的输入
- 综合输入

【训练目标】　通过本训练，掌握数字的盲打输入技能。

分三个阶段训练。

第一阶段：录入的速度达不到 150 字符/分。应当熟悉按键位置，一定努力实现做到盲打录入，其次再追求准确率，在录入训练的初期，录入速度并不太重要。

第二阶段：录入的速度在 150～220 字符/分。注意敲键盘的节奏，保持一定的速度录入，除了做到盲打录入之外，追求一定的准确率，适当提高录入速度。

第三阶段：录入的速度在 220 字符/分以上。已经可以进行多种数字录入，在录入的过程中，寻找自己的弱点，针对各自的弱点来提高自己的录入速度和准确率。

1. 认识键盘

键盘分为 5 个区：主键盘区、编辑键区、功能键区、小键盘区、指示灯区。

小键盘区，该区的键位主要是数字小键盘，与普通计算器按键相似，该区各键具有双重的功能，既可以作为数字键位，又可以作为编辑键位。两种状态的转换是由数字键盘左上角的 Numlock 键控制的，它是重复触发键，其状态由 NumLock 指示灯指示。

【知识拓展】

（1）当 NumLock 指示灯亮时，该区处于数字键状态，可以输入数字和运算符号，其作用与主键盘区数字键的功能一样。可由右手单独完成大批量的数字输入，财会与银行人员使用较为广泛。

（2）当 NumLock 指示灯灭时，该区处于编辑状态，小键盘称为编辑键盘，可以进行光标移动和编辑操作。

小键盘的键位只有 17 个，虽然比主键盘的键位少，但同样需要正确规范的指法。指法要求只用右手进行键盘操作。基准键为 4、5、6 三个键，中指定位于 5（键上有一凸起的点，起定位作用），食指定位于 4，无名指定位于 6。食指负责 1、4、7 这三个键，中指负责 2、5、8、/这四个键，无名指负责 3、6、9、*、.这五个键，大拇指负责 0，小指负责-、+、回车（Enter）这三个键。如图 1.1 所示。

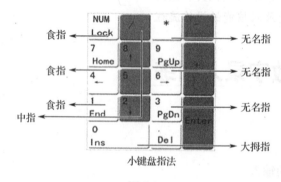

图 1.1

使用小键盘进行快速的数字录入是金融行业、财会人员等多种岗位所必须掌握的一种基本技能，录入货币金额或账号、商品编码等，重视小键盘的数字录入训练，有助于顺利开展岗位工作。

小键盘中的 0～9 这几个数字并不多，但是要做到准确、快速地进行盲打录入，必须经过一番严格、规范的指法训练。

在练习的过程中，先练基准键，后练其他数字键，左右上下交叉练习，一定严格遵循指法规律，继而才能实现快速盲打。精力集中，操作过程中眼睛不看键盘，强调手、眼、脑的协调配合，做到眼到手就到。

2. 正确指法的要点

（1）各手指要放在 4、5、6 基准键上，输入数字时，每个手指负责对应的按键，不能混淆；

（2）手腕平直，手指自然弯曲，用手指尖击键，身体其他部位不要接触键盘，每一次打完数字后，手掌上下浮动带动手指敲击键位，手指微贴键盘，有节奏地进行敲击，如图 1.2 和图 1.3 所示。

图 1.2

图 1.3

（3）输入时，手稍微抬起，击键后立即收回，食指、中指、无名指都要回到 4、5、6 基本键位上；

（4）击键速度要均匀，力度合适，有节奏感，指尖抬起幅度 1 厘米以内，幅度不要过大，不能用力过猛，养成良好的指法对以后各阶段大幅度提速极为重要；

（5）渐渐掌握不同键的位置，直到可以不用眼看就能准确无误地找准键位。

建议： 训练先准后快，正确率 100%，不要急于求成。

同步训练 1.1.1　基准键的输入

【任务介绍】　实现基准键盘 456 的盲打

【任务要求】

（1）指法正确，盲打；

（2）输入要求 100%正确，做到先准确再提速，不能急于求成。

【训练内容】　对数字键“4”“5”“6”的输入进行训练。

1. 基准键练习（1）

666446	666565	645654	664656	646466
554465	464665	465644	546656	444455
456445	446466	544645	545445	645564
455456	554666	654544	655566	444666
656666	544564	456544	466465	654465

664565	454556	665466	464454	546654
555655	554565	544644	646646	564656
444556	646546	444646	645646	564444
655466	656555	564445	466464	464554
564446	445665	466556	644555	645666
545646	455664	665554	464546	646565
464564	466455	654666	446444	466666
555664	466454	544465	645565	454456
666644	554556	564654	456546	555665
546565	454645	665654	654464	656455
664644	554656	456455	544566	454555
545555	644646	644455	544555	546454
444664	466564	644554	556564	454644
554546	654655	446464	456655	456565
466565	465664	566455	556464	446465
455655	655666	564546	654645	455665
444546	646556	645566	544664	544565
465654	645645	465445	456454	566666
444454	455455	666466	555446	446446
545565	445446	654455	445464	666445
556544	454564	444555	445456	664544
455466	444644	456666	556644	466544
645664	466656	454445	644446	565465
444544	455645	666444	445445	446564
565664	445454	556546	456656	556565
544654	665646	655554	554455	655464
655456	654644	556456	546444	564545
544456	465656	456464	665664	446645
544445	645665	556655	664665	565565
664555	565644	464456	666464	644556
566645	545664	646656	466644	664464
656444	654454	445645	564454	665655
655444	655564	546564	454444	544656
655546	465544	665566	545566	454666
545644	455564	555454	546556	464666
466566	545544	556665	656456	454446
464644	566555	644645	654446	556545

446454	664466	645456	645644	565655
555566	444464	655544	456444	464545
445554	665465	544546	664655	654466
665656	664564	656466	656446	644456
646454	456465	665565	465556	444564
445656	446555	656655	565456	456664
664454	666545	645455	566556	555646
456645	654554	655644	446646	664664
644466	646544	654546	646554	664654
655656	555554	454465	545546	666544
664444	556465	646564	456466	454554
444565	464654	546456	554566	644544
556454	564466	446664	664455	566444
655545	565656	565455	554664	444554
454565	654456	555444	555465	646665
545545	566646	445644	456646	546665
556664	555464	545455	556654	446545
444456	565654	466645	545465	645656
555555	456564	665645	455446	564554
565446	446544	654556	465554	546455
564556	646464	645655	645545	655465
565666	646555	455544	465465	445546
544444	555544	546445	644566	554446
566454	666665	654656	655455	466546
564465	665456	655655	456554	565466
666645	444444	654445	454546	564566
556444	466664	664645	445465	554444
665556	665555	555656	544646	554456
556566	546655	656646	645546	456556
665546	666546	445555	656564	655565
546466	455566	544544	656665	564664
656464	565454	546645	445654	666646
554655	666554	566446	555545	664646
464555	646566	455565	554544	565546
656656	644445	566656	465464	554454
544655	656544	564456	446654	465454
654566	464444	545665	656445	565665

556446	555546	644444	654444	454466
644655	454454	465466	555645	656454
545656	566564	464544	654654	665564
465456	556455	554445	646445	646666
556554	445664	445455	455464	455445
464466	464656	465665	566655	544464
446554	466665	546566	445565	656545
566466	454545	565445	555455	644654
456665	564455	644564	655645	445544
456566	646456	564646	656654	656554
464645	455554	545444	444566	445666
565555	645544	655555	544556	566665
545654	645446	566644	554555	454655
655646	456644	545456	645454	654646
465555	564564	554545	465645	556466
564555	446655	555556	465545	544665
644656	445545	655664	545666	544446
565464	664445	546464	465666	465546
644464	556556	655445	645466	554554
656664	545564	666654	444446	555466
466655	554665	455656	466445	545645

2. 基准键练习（2）

645466	556544	456666	455554	656456
465556	454456	666444	645544	544544
546565	555554	466645	564564	546645
456665	646665	646566	646564	566446
565664	455466	655554	644466	546444
554655	456455	564456	446655	664665
555664	646554	454565	545564	564454
655545	645664	554554	655456	454444
465464	444544	464546	566645	655445
646646	544654	664656	655546	546556
555655	455566	564444	545546	456444
564465	666565	555656	466566	664655
655466	446466	545445	446454	656446
456445	544456	556454	555566	565456

664555	454556	554455	445554	644544
655644	655645	654465	646454	566556
665565	646546	656646	445656	446646
554465	446645	655455	645644	456466
466565	656555	654566	664454	554566
446554	455664	555464	546445	664455
664646	456645	645565	664444	554664
454445	446545	665566	456564	545465
466666	645645	655566	455564	564646
656666	445464	545456	444565	455446
465656	646556	665546	554444	456554
556565	544546	556664	656445	454546
666446	446446	454545	545545	465645
445456	545566	464454	555555	544646
666644	466455	466665	564556	454554
446654	564654	645646	565666	645546
546455	655564	466464	556444	565565
445545	466454	644555	445664	665655
664464	645666	456644	664466	454666
545565	544645	566555	665556	464666
455456	554556	446444	546466	556545
565446	556546	644645	556566	565655
444666	566666	456546	656464	654466
664654	664445	655444	645665	444564
656664	444456	544555	565644	456664
445446	454645	656665	555444	555646
654666	544465	666445	665564	666544
555455	554656	556564	465454	566444
456556	644646	456655	654454	546665
654445	464544	445644	554446	564554
544644	666645	556464	545544	655465
564545	466564	654645	444464	466546
546656	544656	544664	665465	565466
456465	556554	456454	664564	564566
564555	654655	455656	565665	655565
664565	444555	555446	446555	564664
566455	445445	556644	666545	666646

444556	645564	556654	646544	465665
655656	655544	456656	556465	546566
666554	465664	464466	456646	644564
564446	566564	545645	565656	545444
554565	665646	665664	654456	655555
554665	655666	445546	566646	566644
644654	446564	646466	565654	554545
545646	466465	564656	556455	555556
464564	445645	464554	555544	546464
656656	455455	646565	446544	666654
545664	454564	555665	646555	566655
444664	444644	656455	464545	445565
644446	546654	545644	465465	466445
554546	556655	645454	666665	464555
656545	565464	645655	665456	545665
666464	644444	544464	454466	654654
564466	565455	454555	444444	455445
664644	655464	546454	664645	444566
644566	545656	454644	466664	656554
456544	466656	446465	546655	556446
554666	465554	544565	666546	465466
465456	544655	664544	565454	646445
544445	455645	644556	556456	544446
464654	445454	466544	456464	554555
465544	656544	565465	464456	445666
456565	645654	566466	646656	644655
555454	454446	654556	546564	554445
654554	654544	665656	556665	455464
545555	665554	645656	645456	465546
566454	655664	644456	445465	465545
555466	654446	456566	656466	566665
455655	656444	565445	464444	644445
644554	544566	464645	656655	445455
464644	555545	565555	645545	565546
466644	465644	545654	656564	545666
445665	654464	655646	645455	454655
464665	656654	465555	544556	555546

444546	665466	644656	654546	554544
445544	564445	654644	454465	554454
446464	466556	644464	546456	465666
654455	444455	646464	664664	654646
665555	665654	445654	446664	455565
544564	644455	466655	545455	654444
465654	564546	645446	554456	656454
444454	556556	444554	665645	444446
444646	645566	464656	455544	556466
454454	465445	564455	654656	566656
455665	666466	544665	655655	555645
544444	555465	646456	445555	646666

同步训练 1.1.2　横排组合数字

【任务介绍】　对"123""456""789"的输入进行训练。

【任务要求】

（1）坐姿正确；

（2）指法正确，盲打；

（3）敲击有节奏，不要幅度过大，不要翘起手指。

【训练内容】　分为2个小节。

1. 训练（1）——123 横排组合数字

（1）123 横排组合数字练习 1

111222	321223	323232	131132	323131
322332	233221	112323	312111	113223
332132	312131	332121	312132	232133
223313	221211	331121	311233	132323
232121	122233	111321	112121	221231
213321	132133	113213	313232	232222
131331	211211	122212	212331	212232
232231	133231	233133	123312	222312
311312	212133	233213	112132	232323
322131	113133	333123	123231	233232
333211	322333	222333	111212	312121
322311	332112	121311	213212	332133
323221	323313	211213	321323	312231

212123	231123	311311	231332	123111
131321	311121	333231	331332	333333
231131	333322	213312	231232	213313
313111	213221	231211	311323	122112
113113	311333	323321	122321	331313
132211	313333	133322	212321	121213
121133	311123	222121	312122	133111
333213	132113	333111	323312	221131
313113	221323	112133	122312	111133
323112	311133	332211	232333	313332
213333	231222	213211	112332	112123
313221	121332	321133	121312	332131
223322	111332	121221	323223	122113
132121	211322	133331	223233	211121
113311	123222	322121	111113	123232
132313	233211	331131	312323	312322
112322	133221	122322	222233	211212
331311	332321	121233	313231	233111
231223	322122	311313	122311	133113
222223	133233	333233	232132	131113
121231	112212	222123	233231	221123
312321	332221	212312	113112	222331
223132	111313	212213	211123	123132
331321	123311	132322	232223	122111
221322	133121	222132	132233	213113
321322	223112	322111	211223	212313
232313	122223	221221	211232	123331
312233	132111	233113	132332	121322
232322	321333	123221	333313	323231
233322	212221	123112	233131	221213
311321	111312	133311	121122	312232
212113	233321	113232	222111	311131
333223	331333	131312	131121	112312
131112	313323	132333	113233	133222
321131	321321	221121	331132	231321
221122	213222	231113	322133	111131
132112	231233	123322	133212	123133

233312	112232	322313	322231	112333
111323	313322	311223	211112	311113
133211	322312	311232	331133	222313
132312	333132	121121	223211	223232
133333	212323	123131	113122	332213
213323	323121	113333	232131	113132
323133	132222	221212	311322	333212
122331	122123	312123	132221	323233
213232	132212	223121	221222	313321
212121	132311	112231	113331	231132
311213	223113	112331	211222	211221
313112	233233	311132	232311	123223
212311	332232	233212	313132	331112
231231	311212	233121	112223	123123
122222	331322	323322	121333	223221
121113	222323	212322	213133	121331
223212	131133	221112	312221	122133
322113	133112	312113	321211	221331
212122	333312	312213	121111	213223
222133	131322	333131	313223	222212
312222	331221	223213	111223	331122
131232	313211	331111	213122	331331
131123	131223	121313	222131	321332
322232	212333	231213	211321	131233
131212	132331	231122	111233	211311
331312	323113	233112	113321	221132
211333	213121	222112	212223	121211
233223	213331	121131	313123	233123
313222	312331	321313	322112	213233
332332	213311	111333	122323	111331
331323	121232	123332	321311	122213
313233	333121	112233	322322	132131
231111	222113	322221	333323	321221
311221	231112	211332	131221	211323
212132	233333	323213	323132	223111
211313	131231	222213	322331	121321
332322	313122	312223	331212	321112

321111	213131	131333	331222	223231
232211	223312	133223	223123	121132
213332	232321	333222	211122	333122
311332	232331	322323	113222	231313
211132	312211	333311	223321	233311
222332	313311	311111	123211	222122
233132	122231	332111	113332	221313
123113	232312	321113	322123	111122
112213	121223	313133	211131	233332
332311	133132	111322	213322	231133
113212	213231	321213	112122	122132
113131	123313	132123	121123	331113
121323	132213	133131	223333	221113

（2）123 横排组合数字练习 2

111222	333231	112122	132222	333311
131331	213323	212311	132331	321213
232231	121311	212122	121232	311233
133111	122312	122123	313122	231232
123312	212123	331221	123313	111113
132213	312131	222131	121313	211232
213322	212133	331323	323322	131312
112232	132113	132111	332211	211112
223112	321223	131113	212312	112223
123211	122111	313323	311232	221113
111332	222133	223313	331332	113321
113331	311132	213232	122113	331222
322221	312331	322131	223121	123332
323321	211322	233221	222112	213133
312323	212232	313113	321113	223333
212221	111233	131112	131132	232222
131212	113212	213223	212321	131223
222223	133233	121231	123232	332133
112123	213121	123311	212313	212323
313311	322333	322122	121312	233333
232223	312113	112231	112133	233213
211323	311311	232313	233131	333111
323221	232322	333223	211222	133331

323113	113222	231231	312221	333233
233322	113311	213313	221231	113232
111322	122231	331312	232133	221212
233233	133212	313233	232323	312213
311133	113122	313321	313322	312223
312132	331121	321111	131322	132123
213311	332221	333323	333121	113112
313332	223221	333211	223233	211311
331212	111321	311313	213131	221123
331311	132311	121323	113213	113233
221122	121133	132133	213211	331133
323312	223322	322123	212213	221222
213332	313112	233111	323121	121333
323233	322113	231222	123221	111223
132211	121321	133221	121121	212223
313221	322232	321333	212322	312231
313111	132221	132322	331111	123331
123111	233113	232121	311113	212333
132313	233211	222132	211332	322121
233121	321323	323112	333222	222123
111331	332332	311323	231332	211121
333213	332112	322133	221331	312123
313133	211313	133131	312122	333131
211211	331333	222212	323223	211131
332121	321311	223132	122311	233112
312111	133223	323132	321211	112233
132333	321313	322231	122323	332111
311213	211132	312321	233232	313232
221221	221211	312233	223123	213212
113131	131133	222113	132212	112332
313211	332322	133211	213122	222233
331321	333132	213231	132332	211123
322332	333312	122222	323131	333313
133333	321322	131232	331322	331132
311321	121331	111133	223312	313123
232331	113133	221121	232312	131221
311332	133322	312222	233212	211122

321332	231111	311322	323232	222312
131333	333322	331313	122212	333333
313223	112212	211333	211213	221131
331131	323313	133311	321133	332131
122133	332232	232211	121233	312322
112322	222332	123132	123112	133113
121332	232311	123113	211212	213113
223212	223113	233231	111212	121322
333123	211221	313333	231113	221213
121131	122223	332321	221112	311131
131123	112331	213222	323213	112312
212331	311312	213321	322323	133222
132312	322311	113113	232132	231321
313222	131321	313231	231122	111131
322111	213221	213333	211223	123133
311121	231131	321131	222111	112333
311223	132121	322331	313132	222313
123222	322322	212121	121111	223232
232131	322112	221313	121123	332213
122331	233132	121113	112121	113132
122213	222333	121213	222323	333212
212132	133132	132323	213331	231132
113223	311111	312232	123231	123223
233321	123131	113332	231112	331112
332311	311333	233223	121211	331122
111312	212113	112213	322313	331331
223211	233312	132233	231213	132131
111122	222121	122132	232321	131233
132112	323133	112132	121223	221132
223321	222331	311221	112323	213233
223111	322312	213312	233133	321221
233123	122233	233332	121221	321112
221323	111313	231123	123322	223231
211321	111323	122322	122112	121132
131121	312121	223213	113333	333122
221322	321321	311123	111333	222122
332132	122321	133121	123123	231313

312211	131231	231233	323231	233311
231223	311212	231211	232333	231133
133231	133112	121122	222213	331113

2. 训练（2）——789 横排组合数字

（1）789 横排组合数字练习 1

989899	898978	979797	978798	898977
877977	789799	778898	787998	778988
977987	997978	887978	997779	887899
798999	889977	987889	897778	798997
879898	787788	979977	887789	799977
878888	798998	978789	787877	798897
798799	987978	887887	999799	878889
998979	787787	778777	979878	999879
987788	797997	799898	987897	989879
978878	889878	977989	888877	899879
877899	898988	799899	787988	997878
798989	999798	898877	998899	799998
877879	877887	997879	979988	897878
797778	979877	987778	788877	989888
998878	878898	999878	997997	979778
799999	797787	988787	777879	977978
987799	889788	789977	799987	897899
997799	888777	798788	788997	779889
999988	978989	988877	778778	978987
797978	899789	798978	979879	788787
987887	877897	788979	799788	777779
888779	878777	787798	777788	889777
897887	888989	877988	998998	899987
898778	798898	988978	887988	979889
978797	778887	887787	879877	778797
879797	889798	888889	988778	898897
898797	798988	798777	989897	779879
778779	977888	898788	979999	899878
978799	899897	899977	999887	799797
778997	988979	978998	979978	777979
779979	797789	887877	789979	987879

877898	888778	777799	898899	799878
779799	987878	799989	888799	997877
799879	787778	999978	977789	877777
899989	797897	778788	788777	788798
989878	988987	978977	777798	988899
798879	788999	997889	779998	889787
889987	989898	887898	978877	997798
797898	799889	798979	889889	898989
988779	778989	887999	799789	789897
877979	998788	998797	887879	898888
798887	878998	879987	889898	789797
977779	777878	888987	999789	988999
988887	897798	887797	898777	988988
789988	998887	999899	877877	799779
878877	798789	877799	987779	999797
778987	777787	987988	998777	878879
889797	977998	997778	879889	879979
789888	799778	779778	977787	977778
999979	899997	777997	977788	978899
999777	998778	898879	778799	797779
899898	889888	778897	797878	899899
787987	879887	989979	879888	799897
998888	977877	797887	778899	789998
877778	778979	887888	888977	877797
898799	789787	878779	787879	997797
999989	987899	888798	877788	787989
889988	777797	889978	979898	779978
797889	789999	779888	899778	797989
977889	887788	888999	779787	979798
999977	889789	788779	798977	897997
788988	887997	777889	998987	779997
879978	989798	998997	877789	998799
977878	889799	998789	899999	898878
979989	888789	799888	888788	998798
798888	898889	879878	779798	778998
997888	988798	888898	879977	777888
779988	987987	988788	787898	989997

878987	997977	779788	998889	979998
989777	887799	987787	888879	778888
788998	978999	898979	978778	998898
999898	897879	978777	998897	779989
797999	987797	878887	897779	778878
788887	878997	878999	878797	877889
989787	778787	779789	789997	788978
798787	879899	978988	889779	989988
978978	978787	987989	987777	879788
779987	898999	897889	798889	879897
977797	999877	898997	897789	989977
887987	899787	797777	997999	888878
887897	878878	987997	889989	879989
988878	799877	789777	987789	879798
777898	987999	888787	979788	897898
997787	977777	877999	877787	897989
998877	778879	987977	889899	897978
897777	789899	888988	997899	878789
899788	989889	779897	878788	897797
877888	997998	988977	988799	988777
788899	778789	889778	898798	897799
899998	997989	878778	888897	979997
997788	999889	899799	989989	898789
899877	988789	998977	899979	777778
979787	878988	897897	877779	777887
988879	779977	897999	979789	977897
878979	798987	978997	789879	997897
799979	979779	889997	797998	788977
888997	887889	787997	989797	879998
997887	999897	898987	789778	787999
899777	779898	878989	777897	998989
897788	887798	798878	787978	898998

（2）789 横排组合数字练习 2

998888	999988	797789	888897	879877
889997	979977	987897	779798	988778
789888	987899	789899	988789	979999
779988	788988	897777	878988	789778

879899	798977	899788	779997	887879
997888	778887	877888	779977	789979
898778	887887	988879	798987	977789
877899	889787	988987	978988	788777
787999	797999	889878	779898	777798
977987	888977	899777	887798	888879
888889	988878	997788	979797	779998
989899	799999	787989	787798	999789
999989	888999	979787	778898	877877
888997	878979	787988	978789	998898
888987	987887	787787	799898	998777
777898	897798	789799	799899	879889
799889	798787	997978	997879	979889
877778	889898	987997	999887	778799
797777	897887	888789	999878	799797
877898	988788	987999	789977	977787
997798	989898	778979	798788	977788
797997	899898	889977	988877	997999
788979	978797	778777	988978	879888
979778	799789	798998	899999	778899
997977	888778	877887	899987	979898
987879	887988	888898	887787	998987
998979	799788	898798	889978	888788
879887	999798	979877	798777	787898
989897	778888	997797	877999	998897
788997	778779	777787	899879	789997
898889	978799	998788	898788	798897
989997	778997	797787	997878	889779
999897	989977	977877	978877	987777
987799	978977	889788	887877	798889
779787	788899	877897	799989	897789
797778	977797	888777	997897	889989
879878	979998	797887	999978	979788
999799	779979	899789	778788	778797
998799	799879	878777	997889	889899
999977	998899	899977	998889	988799
997787	987797	798898	798979	899979

889797	899989	798988	887999	789879
898797	987978	977888	779789	989797
977878	989878	789797	987989	777897
779799	787788	899897	887797	787978
987779	887789	787877	877799	898977
878788	879987	988979	987988	887899
898999	777997	987878	997778	798997
897788	798879	787778	797998	878889
778987	879979	977989	779778	999879
879898	988779	797897	989979	989879
797898	877979	788999	887888	799998
987889	898877	978787	878779	989888
888779	787987	889889	788779	889777
799778	988999	878998	777889	977978
888799	887897	777878	998997	897899
877977	798887	898777	998789	978987
877879	977779	999899	888878	777779
789777	988887	798789	779788	898897
977897	787998	988899	898979	779879
798999	899787	779888	978778	899878
889988	979989	997899	978777	799878
878888	789988	998797	878887	877777
878797	797878	899997	878999	788798
889789	879977	897897	897889	898989
889987	788887	897799	898997	789897
788998	878778	998778	888787	988988
799888	878877	889888	987977	799779
878898	999979	789787	899778	999797
897978	977998	978899	888988	878879
798799	899877	777797	889778	797779
799979	778789	787879	898888	899899
997799	998798	789999	898899	789998
877789	899998	887788	899799	877797
988777	797889	887889	998977	779978
987788	799977	887997	897999	979798
978878	977889	889799	978997	897997
979789	879978	979978	787997	898878

889798	798888	988798	898987	778998
898988	998887	987987	877788	777888
977778	979988	887799	878989	779989
987787	878987	978999	798878	778878
879797	989777	897879	978798	877889
887978	999898	778879	997779	989988
797978	898978	878997	897778	879788
798989	989787	778787	979878	879897
999777	778897	999877	888877	879989
979779	877787	898879	778988	879798
897779	978978	878878	788877	897898
997877	797989	888798	997997	897989
997887	779987	779897	779889	878789
798978	888989	777799	777879	897797
777979	988787	799877	799987	979997
877779	999889	977777	897878	898789
778989	989798	877988	989989	777778
898799	887987	989889	987789	777887
979879	887898	997998	778778	788977
998878	988977	987778	799897	879998
788978	998877	997989	777788	998989
788787	978989	978998	998998	898998

同步训练 1.1.3 竖排组合数字

【任务介绍】 对"147""258""369"的输入进行训练。

【任务要求】

（1）坐姿正确；

（2）指法正确，盲打；

（3）敲击有节奏，指尖抬起幅度在 1 厘米以内，不要幅度过大，不要翘手指。

【训练内容】 分为 3 个小节。

1. 训练（1）——147 竖排组合数字

（1）147 竖排组合数字练习 1

714411	411441	744717	177174	771411
774711	411174	414471	777177	144474
744414	174114	141477	717447	117144

117774	441741	411747	147474	471411
441417	717117	141114	777711	717477
471711	417777	771714	471111	411477
147471	777171	477411	117747	714471
477477	777117	744147	741717	414411
774444	111441	741441	774147	174417
174141	714114	777471	144447	441174
177114	477444	747114	114174	774714
171774	444111	771111	711147	717147
774171	771447	474741	474744	744714
174441	777444	177744	411474	714111
777477	441717	114414	471771	171117
177411	741711	447141	747444	111174
171714	174147	417477	147144	414747
447447	114477	114447	474171	144744
717411	171747	174747	411774	777777
777714	474111	144777	711741	444174
174177	411171	177444	741771	117447
444717	474144	144774	447771	111444
714147	741774	444141	171174	747177
117471	714441	477174	717114	474114
117741	744774	717747	141411	114474
177441	471474	477117	144417	414771
711174	744111	741477	111777	141711
741141	444771	771417	747741	441141
441147	111114	714144	171444	771141
471471	711471	447774	417711	117714
444774	411771	774414	417474	711441
444117	471114	477471	111171	477714
444711	711177	777411	711411	177711
174741	111477	771144	411147	741144
441411	417447	741171	444417	114711
777747	714474	444474	417144	177117
114747	441777	711144	447177	414774
114777	174144	141171	411117	171114
141141	177447	414414	114417	741447
447747	777717	741747	771774	471741

417414	741474	714744	117414	441711
447711	744171	774771	711747	417771
447717	177747	747417	417111	744444
174444	141744	744144	771117	774417
417714	144444	477111	741177	744417
111711	711417	411741	717777	774777
144717	117477	477711	444441	171474
444744	441774	771477	114741	111111
414444	171417	777174	144144	111177
741117	117777	141747	174744	114717
414744	741471	474447	441714	714477
744174	174171	474147	471444	141174
447117	141447	147741	417117	144174
477414	777771	774141	744114	744711
777414	414441	477741	711474	417411
414447	441441	714174	477114	771471
447111	414714	417741	444477	477141
414141	717177	747747	447174	141111
477777	147171	171777	411447	741111
714717	747111	441474	714747	117441
444147	111714	477747	441414	771114
444414	144711	114177	441114	447114
774174	117141	711114	417774	774411
444144	477147	147174	774477	747117
471477	414417	111411	141717	171141
414171	471447	141441	474441	144471
141147	117117	477441	777774	477474
417141	477717	714177	171441	717474
444741	411411	444777	474771	177414
147744	447171	474747	711447	141117
174714	777441	117174	411114	177147
144771	747471	447477	114744	474711
717441	717771	714741	471177	777144
471147	717417	714774	711117	771474
141414	417444	414717	771771	411141
474411	411111	117717	114114	717141
117114	414117	444444	747774	114141

147717	411417	477177	117111	177714
144714	471744	471141	471714	477771
474141	444411	441144	147477	747717
171147	444177	744477	141777	144441
471747	171477	414777	441117	714444
741411	174711	774717	114117	714417
111717	111141	111744	744747	777147
147771	744411	174771	447744	447414
711414	171711	714714	411414	771414
744777	414477	117147	771744	711774
174447	147117	171411	477447	174477
741741	177111	111117	474474	111747
444471	717414	117177	474717	414174
144747	774114	774117	447441	114771
417147	117474	111447	741114	144411
114111	774744	714711	114774	144177
174774	747474	147747	174174	144111
717174	177717	477744	111147	171717
147714	441771	147414	117711	417417
771777	177417	747147	441177	771441
177171	141177	141474	171144	774111
441747	711111	447144	114441	174474
444171	471414	411744	711171	177141

（2）147 竖排组合数字练习 2

441141	471447	471147	171174	144474
177444	177114	141414	714177	747741
144411	441717	474411	117177	417417
771114	417444	111717	144177	171444
117741	447771	711414	744411	414411
111777	414414	171141	171711	174474
747117	711174	144744	771774	417711
444771	447447	174447	177111	417474
417477	171774	741741	717414	111171
171477	771474	144747	774114	411147
717117	717441	114744	477447	447177
171411	174147	114477	117474	114417
447171	444144	744114	471141	114114

471474	177411	174417	774714	117414
741171	411441	711111	444417	417111
444471	711747	147714	177717	771117
147471	444774	747747	441771	741177
411174	111444	741774	117747	717777
714774	714477	141441	777411	444441
147771	114474	411117	441474	114741
714411	444141	771714	711741	144144
771144	171714	771777	474747	174744
714147	441741	441747	171117	471444
177441	411477	174114	177417	417117
444717	741411	744417	471414	711474
444411	144771	711411	477411	447174
471111	717411	417777	777471	411447
741441	777714	117141	747114	441414
744174	171417	474474	147144	441114
411744	714747	777171	111447	417774
117774	741141	477444	771111	774477
774174	444414	444111	474741	474441
441411	777144	777444	177744	777774
117144	474141	474144	114414	474771
141114	441777	477177	114447	711447
144174	777117	744774	177147	411114
744414	174171	744111	117147	471177
414417	144774	714714	174747	771771
717114	417147	111114	771471	471714
471744	441147	717747	144777	147477
741111	771477	744147	477174	441117
444147	141477	471114	741477	114117
177174	177141	711177	771417	744747
774711	444711	114711	714144	447744
141177	447717	111477	447774	411414
447111	114774	714474	774414	474717
477441	477111	447141	444474	447441
747111	444744	174144	141174	111147
177171	777747	777717	777174	141117
741717	114111	741474	711144	117711

777477	477414	744171	141171	441177
714741	111441	141744	774771	171144
441174	441714	144444	747417	114441
471747	114777	711417	744144	171474
477777	141141	117477	411741	711171
174141	147741	447414	477711	771411
174177	741711	441774	717477	714471
444477	747474	117777	141747	717141
477141	714744	741471	474447	717147
147171	141717	177714	474147	141711
117471	147717	777147	774141	744714
471471	147744	777777	774717	414747
414477	111744	414771	477741	444174
174441	447747	777771	417741	177117
171747	771441	711117	477747	174477
117114	714174	414174	174174	117447
477471	471411	717447	114177	747177
444117	414444	477114	711114	474114
174774	417414	714111	147174	117714
417447	447711	417144	747147	711441
174741	174444	414441	111411	177711
741114	147747	171114	444777	741144
441417	117111	441441	447477	414774
774411	744777	414714	414717	141111
471711	417714	717177	444444	741447
444171	744717	111714	441144	417411
144714	111711	411747	744477	417771
477474	771744	747774	174771	744444
477714	144717	144711	111117	111111
411771	471741	117174	714711	111177
114747	741117	414471	477744	114717
141777	417141	477147	147414	744711
741747	447117	117717	141474	117441
774444	411171	111174	447144	447114
477477	411411	117117	777177	144471
717174	714114	477717	147474	717474
147117	714441	774117	777711	177414

411141	414447	777441	774147	474711
141411	414141	747471	144447	114141
141447	714717	717771	114174	477771
771447	774777	474744	711147	747717
177747	411474	717417	471771	144441
471477	711471	411111	747444	714444
414744	414171	414117	474171	714417
177447	171147	774417	411774	711774
777414	141147	411417	771141	111747
774171	474111	444177	771414	114771
477117	171777	441711	741771	144111
774744	444741	174711	144417	171717
414777	174714	111141	171441	774111

2. 训练（2）——258 竖排组合数字

（1）258 竖排组合数字练习 1

825282	852228	288282	525558	522552
582588	225222	582258	588258	858288
228825	885582	825252	888828	882858
282282	582822	222282	228228	888525
552228	252558	858888	552855	252555
522558	888555	555558	552882	288255
585525	585558	252528	285582	852282
225828	228222	255252	822228	582222
282255	258252	825225	582825	588285
225858	888888	825825	528255	282555
882558	258525	528822	222552	855822
858222	855252	885585	555525	288885
855285	288222	822858	828558	855258
252522	855852	288252	528252	825582
588855	258255	252822	858522	528228
558828	588228	288588	552588	882555
225522	552258	552828	822852	225288
225282	822552	828285	555528	525822
258825	522828	882252	225558	228582
888228	882582	252255	252855	855585
255855	252225	858258	825822	858525

825888	285828	822285	252858	582858
852858	858828	582888	825525	255525
885828	552285	528882	582252	825858
858225	288225	555258	228855	258288
852888	828585	885255	588558	855828
885558	258558	588585	855228	522525
585285	855855	855225	885282	585855
582882	285252	528555	528525	525882
888282	558258	555552	525225	885852
555255	255222	222255	255885	828885
288525	225258	582582	828582	558825
225228	522522	285882	282252	882885
285552	255882	525222	522582	252282
282522	288285	228552	522888	552822
258822	858852	852288	255585	585882
258228	228885	828888	255828	528588
855525	228585	552582	525288	552288
285825	855825	588222	855588	588828
282558	855888	858882	828225	855528
885225	552888	522288	222528	555858
852882	285888	558858	225585	828282
858228	822855	855222	252852	885552
882228	852555	828228	252288	588552
552225	825885	555282	585828	282858
555522	828588	882522	228888	552858
222858	882225	258258	582552	258855
585858	528855	558222	285585	858255
555585	822525	258858	525522	525888
288858	282882	255258	855552	288528
288555	225888	825228	285255	222555
828552	228252	582522	855522	822588
528528	528825	252588	582852	252252
228528	555828	852825	282852	885222
585588	288258	525255	255552	228225
858825	525828	585255	828252	885888
228525	882882	228882	825285	555555
552282	222855	582555	888522	222888

558228	555252	588525	825222	258522
528522	228288	282888	852522	222588
288288	885528	855582	282828	825852
882852	585582	885252	855882	822522
288828	582528	285588	822825	855288
855558	225882	285555	558882	888252
282528	882525	555822	582282	252552
225822	222525	228588	882222	222582
858582	855282	585288	552558	885258
222825	828258	822585	858885	522885
555225	255822	258285	882255	852285
552585	588528	888285	555228	558522
222822	582225	828528	858858	228522
588282	258582	522825	822225	258585
888885	882258	228258	258225	888588
882855	582885	825828	222885	222228
558855	588588	585252	555288	528558
852885	852528	825288	528888	525258
522588	582558	528285	585822	852222
558885	585225	252222	825588	522228
285528	252228	285855	558225	255858
555285	285522	558282	582255	588252
585282	282285	252285	888585	585888
852552	888222	585258	255558	555222
222252	825258	588888	252525	222522
282228	258885	555885	882822	288855
525285	252882	282825	255228	882552
555888	855555	822258	558552	858285
288558	222585	555882	285558	852588
588255	288228	888852	255555	822888
888558	558555	228858	528582	588882
225285	855885	525282	552528	885588
258282	555852	882585	222558	588852
522555	588858	525852	555855	582288
258222	858528	522855	525585	525825
225582	822222	588555	852255	885855
288822	552522	225528	525582	285222

552555	852828	228285	558852	288888
258528	888582	828288	828828	282885
552525	882588	852582	225588	885522
822555	558588	888528	522258	825558
828858	882888	255288	255588	525555

（2）258 竖排组合数字练习 2

825558	858258	285555	822858	528525
252285	555255	582555	582222	525225
552858	222255	258222	825225	255885
222252	222858	882222	858528	282252
552228	885558	552555	852825	522582
825282	522288	228552	822222	255585
288258	585285	555828	852828	255828
528855	288588	525825	882588	828225
552582	588285	552525	582825	222528
558828	585855	258858	822228	225585
582588	855588	822555	258288	252288
555585	558885	228225	558588	585828
825525	855282	828858	288282	228888
828585	525558	225222	582258	582552
285825	522555	855852	558282	285585
522558	588282	885582	825252	855552
585282	228258	252558	222282	855522
282255	828582	822825	858888	255552
528558	582882	285222	252555	828252
852288	822552	255558	555558	825285
528528	888282	888582	855288	888522
885528	225582	288252	525288	825222
828558	855582	888888	252528	855882
528522	585588	288225	825825	852522
282282	225228	585558	528822	558882
885588	288885	228222	885852	582282
858825	285552	258252	252255	552558
882888	888555	258525	555258	858858
258822	855525	555252	552855	222885
882582	885252	855252	588585	528888
855285	282558	255252	582582	585822

228825	288822	288222	285255	825588
552282	885225	585882	525222	558225
858225	222888	588252	858885	582255
552522	882522	252225	588222	888585
828282	852882	285828	558858	882822
855888	858228	552285	855222	558552
585525	588228	825885	288528	285558
282858	882228	228288	828228	528582
552258	552225	225258	258258	552528
555225	822225	858852	852285	828885
858828	285252	885585	558222	555855
225828	255555	588555	255258	852255
258558	882255	525882	582522	525582
888558	558258	522522	822588	558852
588255	555228	582528	252588	258585
225858	582822	555528	585255	828828
258885	555522	255882	228882	225588
585858	822522	288285	228285	522258
288525	288858	882225	882552	255588
882252	288555	228585	588525	522552
558228	552822	282852	282888	282555
825858	825822	285888	285588	855822
828888	828552	828528	528255	855258
585252	228528	822855	522228	825582
855825	282228	852555	258225	528228
288288	825852	822525	555822	882555
885855	828258	225888	255228	225288
882558	228525	228252	228588	525822
525888	858288	528825	585288	228582
282522	822888	582885	822585	855585
858222	882852	858882	258285	858525
252522	282528	525828	225528	582858
588855	288828	525585	888285	255525
228885	255222	222855	555555	855828
555282	855558	585582	888852	558825
528882	525852	282828	522825	882885
852228	258255	225882	825828	252282

225522	225822	882525	825288	528588
582558	258528	222525	528285	588828
522828	858582	528555	252222	855528
588588	525555	588528	285855	555858
852222	222825	258582	588888	885552
582852	582888	882858	555885	588552
882882	225558	552588	282825	258855
288228	252552	882258	822258	222555
855225	222822	852528	852282	252252
525285	882855	585225	555882	885222
525522	228858	252228	882585	885888
552828	558855	858285	522855	258522
225282	852885	285522	828288	222588
258825	828588	555852	852582	888252
852858	552288	282285	888528	222582
255822	552888	228522	588258	885258
888228	825228	888222	888828	522885
552585	282882	825258	552882	558522
255855	252525	252852	285582	888588
258228	555552	252882	222552	222228
855855	582225	858255	555525	255858
825888	522588	822285	528252	585888
252822	285528	522888	858522	555222
885828	555285	855555	822852	222522
228228	885255	555288	252855	288855
222558	852552	525255	525258	852588
525282	522525	888525	252858	588882
852888	828285	222585	582252	588852
255288	555888	558555	228855	582288
585258	288558	855885	588558	288888
285882	225285	588858	855228	282885
888885	258282	288255	885282	885522

3. 训练（3）——369 竖排组合数字

（1）369 竖排组合数字练习 1

963399	936333	996336	939636	369336
933399	993966	663933	639966	996996

636699	939396	366336	333399	366399
996333	666999	339363	699666	699696
966333	393636	699393	336936	363969
396993	966933	393393	339693	999633
939993	636963	966999	339339	663366
636333	399333	693933	336636	333663
399636	993939	669336	663636	393633
639363	669399	999336	363963	336663
399993	996666	363696	693696	963663
339369	699693	963396	966993	363666
339633	393933	696693	699969	636339
399399	969393	333696	936939	936633
633666	969639	396666	393939	996363
696393	396396	699633	369396	366966
693999	339969	963966	939996	366996
963936	333933	993333	969696	993369
933396	633639	936639	636966	663363
996393	369369	636633	396663	936699
339636	963933	399936	633366	966399
393366	996663	936369	639996	966969
933696	333966	639963	369693	963339
699996	696339	366969	696999	393996
633933	996936	336369	393333	633699
669393	366339	966636	399933	333363
969999	693669	339669	963639	993693
966633	639399	363693	999363	639336
693693	363363	933366	633336	333669
969399	336666	969693	933969	999999
669933	363993	666393	393693	699339
999636	639369	699936	699333	639699
969969	639339	996696	366396	396933
339993	333366	396669	636336	699966
936399	336339	369969	939966	633963
636669	696996	999669	696966	936669
696936	936393	699993	966396	636393
399699	363399	996966	663333	669666
666936	936933	636939	393339	999969

339936	333639	693396	999693	939339
936396	696363	339366	666333	663696
696669	669936	369669	699699	399666
369993	663999	996939	963963	366933
969963	399696	339699	699369	633633
993663	636636	993699	936636	999666
999639	999966	933963	939699	963336
666396	969939	339999	666636	936993
393399	999366	363366	396966	666996
393936	996699	333393	336966	393663
666939	363663	996339	696639	339639
969366	639933	993636	633993	633996
366333	933939	639936	999396	633939
666663	639663	999699	963693	339939
966363	663336	333993	966996	999663
963993	366963	939963	339333	363633
333336	639633	969669	666696	633363
663969	393669	633936	696939	393969
636369	393993	993969	333969	366639
393696	336399	333936	636993	666966
399363	396393	399969	969993	663669
369999	669369	336696	696633	696699
699399	936936	396369	933933	396339
939939	663639	996969	363339	996693
363699	636933	969996	336996	396693
636639	333666	399366	336963	363966
333633	933633	396999	993666	963969
363396	936996	399633	993393	999939
333333	699336	939669	369666	669396
939366	363936	639999	693399	369966
669363	636666	363996	666993	399336
939696	993366	939363	666699	999993
936366	936363	993993	966393	969699
369699	639693	336693	366366	339396
933996	999696	393699	969333	336939
369363	336366	333996	933966	663633
666639	663666	933993	339933	669663

639696	336639	693363	933999	669696
669969	939333	696666	336969	339666
996636	666669	696333	993639	966939
696963	333636	939693	369639	663936
933363	639939	999393	366936	933639
963699	393666	963393	369633	636366
693993	366993	639993	936663	669699
633399	669993	699363	993996	633693
699939	939999	636696	399693	936969
969336	939336	999399	693966	693636
696369	633696	993336	936339	393963
369399	963369	636396	639396	996369
693936	693699	936693	693963	963363
336396	933369	366663	339696	669339
633969	669639	993936	699963	666366
936963	363336	369933	699639	663369
966699	966639	993933	963636	369996
336993	693939	669366	369366	666336
369696	966963	399369	363669	993696
366693	366636	339336	336336	963939
993399	393363	963999	993396	336933
636399	933693	696663	693969	369339
996669	963633	933936	999933	993999
636999	663339	666969	363639	663399

（2）369 竖排组合数字练习 2

669336	369363	366399	699336	633366
963633	999336	399366	669663	369693
333399	966699	993336	363936	999363
336339	633933	669969	993366	933969
636699	939993	366366	936363	699333
963969	636333	369366	999696	636336
939363	636933	696963	669639	696966
363669	393333	933939	663666	663333
666669	366933	636399	933993	699699
339369	339633	693399	336639	963963
363366	639996	666993	939333	636339
996663	963693	669936	669993	939699

966633	393339	933363	963369	336966
339333	933369	963699	699339	966996
396966	969696	363696	693699	666696
966963	393939	693993	363336	696939
699696	399399	399696	966639	333969
633666	999639	963363	693939	696633
639663	663339	699939	939963	933933
633399	369696	639369	933693	363339
939696	336399	696369	996336	633693
699369	966396	633696	996696	336996
933696	696393	369399	366336	336963
639363	363363	336396	339363	993666
966933	993399	936636	699393	369666
636666	963936	633969	393393	666996
666966	996393	993396	966999	666699
966333	969999	939336	693933	933966
963399	333933	336993	696693	339933
993393	969399	339339	933963	366936
339636	993333	369339	336936	369633
333363	669933	996669	333696	936663
933396	969969	696666	639963	399693
666663	639633	636939	699633	693966
666336	333639	993696	936639	936339
699996	933366	336696	636633	639396
993996	693936	669366	366969	693963
399969	393666	633993	336369	339696
396369	339993	936333	966636	699963
396666	936399	363969	666393	699639
636999	696663	993966	699936	963636
333666	696936	366636	396669	336336
336969	393936	939396	999669	693969
396993	963396	666999	699993	999933
399993	939999	333636	996966	366639
633936	933999	636963	339366	363639
963999	966363	396663	369669	369336
939996	363993	936369	996939	996996
639939	399699	993939	993699	999633

366693	666936	393633	339999	663366
693999	636993	669666	996339	333663
696363	363693	333393	999699	336663
696639	966939	669399	666969	936633
639999	339936	969639	333993	996363
999396	633336	636636	939636	366966
366663	999939	339396	969669	366996
963933	393696	996666	993969	993369
399666	936396	699693	363666	663363
666396	393363	696999	996969	966399
933633	699666	393933	969996	963339
969993	669363	366993	396999	393996
993663	363663	963639	399633	633699
369999	963966	339699	966393	993693
693693	696669	969693	939669	639336
993636	996636	336666	363996	333669
399333	369993	396396	993993	999999
693396	969963	936699	393699	639699
639693	969366	633639	699363	396933
933399	936936	369369	333996	633963
339666	663969	333966	969333	936669
666333	366333	996936	693363	636393
636396	639399	366339	939693	999969
369996	339669	699966	999393	939339
999636	336366	693669	669396	666366
696333	963993	639339	963393	663696
336933	663999	333366	639993	633633
366396	936963	696996	996693	999666
996333	633996	936393	636696	963336
999993	969393	939966	999399	936993
993999	399936	369639	936693	393663
666636	966969	363399	369933	633939
393636	699399	936933	399336	339939
333936	969336	999966	993933	393969
393366	333336	999693	399369	663669
669696	636369	969939	339336	696699
669369	399363	663336	933936	396339

999663	339969	399933	639966	363966
393399	939939	999366	339639	369966
336939	363699	996699	339693	969699
696339	636639	639933	336636	663633
669393	333633	366963	663636	636366
666939	363396	393669	363963	669699
963663	333333	393993	633363	936969
636669	939366	393693	693696	693636
369969	936366	396393	933639	393963
399636	369699	363633	966993	996369
663933	396693	663639	699969	669339
993639	933996	993936	936939	663369
336693	666639	936996	369396	963939
663936	639696	639936	636966	663399

同步训练 1.1.4 拇指与其他手指组合数字

【任务介绍】 对"0"分别与"147""258""369"的组合数字进行输入训练。

【任务要求】

（1）坐姿正确；

（2）指法正确，盲打；

（3）敲击有节奏，指尖抬起幅度在1厘米以内，不要幅度过大，不要翘起手指。

1. 拇指与其他手指组合数字练习1

455420	609845	986024	710841	931309
850342	801407	663502	701977	861099
298201	850002	913760	670835	883903
207423	106070	970699	309197	779003
633907	778830	132013	215900	570592
151980	277309	604678	122010	749066
710098	204949	700791	718430	800077
708621	851640	906455	735089	602820
836110	589650	907898	395370	322040
441330	924120	520881	704027	601528
623900	340924	326990	205980	245034
668150	306905	508112	290937	401472
398608	441068	235705	840340	674034

817260	660442	730520	750285	990256
199105	447980	584120	497210	130086
677870	418097	850313	405055	908677
930470	356078	940038	610004	347708
981510	473000	557860	302291	648005
691750	469710	940627	102661	957710
680655	607236	513909	738290	610119
208580	570634	695870	457980	740918
837008	952021	106741	953470	902029
498409	940602	547091	795018	205536
907478	380157	434605	830403	710047
705237	481690	460062	264804	877703
750292	505264	733160	504733	247480
900374	790615	546706	178790	835709
250743	235097	886510	670319	407832
610571	570373	181509	582770	130548
555000	913209	431130	660520	635084
682016	499570	432630	753801	244730
849660	433607	188802	880353	194280
812065	304937	657702	202822	914109
590354	230639	479023	723804	741100
169970	943810	950907	266070	169701
570294	450887	203442	705532	140302
411660	203374	760323	728920	972096
335470	389022	507525	370336	308392
251703	148404	233306	424806	170231
570159	246107	151930	737035	716089
660103	404123	111510	989029	201952
457084	202367	582004	482074	833011
629053	330747	884940	390774	437800
921104	209155	384970	282209	458051
230857	273202	468950	535063	856013
760495	200103	211306	813052	955012
201996	546409	474072	363075	112083
702508	502878	750088	640257	540014
408170	236016	972740	611022	603949
404181	414902	690156	410452	557670

820389	854001	514680	591500	710826
606195	389150	209119	996240	544904
612300	603505	885407	815750	905046
575900	320775	620801	962606	550890
654210	491740	969001	613702	749051
255091	580670	222190	207081	136503
106727	440957	905541	632306	808599
387280	890489	308510	132930	919406
969660	656011	413430	857950	774940
550033	508913	532960	294094	240948
105368	166044	603713	580415	801424
947100	260146	170206	835330	899960
988092	777750	301870	516780	250682
775510	632805	303746	230068	314200
566602	610259	438303	108285	790570
352360	501812	106052	741340	515014
100981	144605	528000	320346	706857
523069	404925	780912	905667	824380
909323	906897	838504	404541	567650
277034	573701	963061	870726	613207
806579	450011	223240	304465	225066
196078	738801	599605	502463	709187
404774	303675	259049	151790	107715
331110	785069	109693	406786	630405
731054	612702	579880	416105	115904
902438	828560	760996	794803	510689
686303	822702	821607	403826	557802
609986	103178	235095	556609	941013
530347	741660	625909	808684	286205
230203	805907	122200	833560	148055
800628	205778	990922	459091	185930
430877	466940	888901	715005	380372
571505	418000	921705	466603	519309
445690	170241	805510	858404	593027
873530	403304	765980	916012	300787
930853	706249	231079	940769	696150
803507	619022	654055	118440	335550

668707	279109	200162	451015	837011
760023	502267	431790	151280	378570
604855	618170	351340	243490	692230
605447	107047	980489	884057	808563
834150	708581	330230	209816	860442
916071	748006	762470	594019	497085
213670	907984	361004	695105	620836
950394	409474	239089	102230	299150
907115	708156	230256	966104	846802
364850	630664	490529	937030	181505
707876	608686	457840	795806	891760
314101	508548	744042	964260	307790
620532	308819	478390	810660	620884

2. 拇指与其他手指组合数字练习 2

356078	331110	571505	692230	264804
514680	570634	445690	619022	582770
905541	702508	723804	618170	660520
800628	148055	733160	107047	753801
250743	677870	873530	708581	880353
785069	808684	916071	748006	406786
870726	890489	106052	351340	728920
380372	765980	450887	907984	424806
850342	259049	962606	178790	632306
105368	575900	213670	409474	989029
988092	605447	660442	608686	201952
395370	930470	913760	508548	390774
432630	981510	407832	663502	282209
613702	550033	414902	908677	858404
455420	820389	815750	696150	544904
418097	840340	111510	132013	535063
589650	567650	950394	604678	611022
170241	851640	907115	508112	749066
885407	916012	620532	914109	824380
469710	654055	609845	235705	695105
103178	205980	801407	730520	410452
907478	185930	106070	479023	996240

387280	457980	441068	584120	594019
308819	906455	277309	497210	207081
795018	909323	515014	557860	857950
593027	947100	340924	695870	602820
924120	246107	144605	833560	459091
654210	849660	306905	547091	294094
760023	330230	447980	434605	835330
609986	330747	907898	460062	516780
169970	710841	473000	546706	320346
322040	169701	607236	886510	404541
828560	691750	952021	181509	304465
100981	590354	964260	980489	502463
122200	877703	505264	457840	107715
236016	204949	370336	431130	151790
298201	194280	790615	905046	794803
613207	902438	838504	188802	403826
106727	604855	854001	203442	556609
520881	837011	235097	760323	740918
668150	208580	570373	233306	715005
921104	707876	223240	225066	466603
398608	498409	244730	151930	940769
523069	200162	913209	582004	118440
499570	279109	950907	266070	243490
481690	507525	966104	808599	884057
813052	610571	433607	384970	209816
606195	940602	304937	211306	102230
557802	307790	301870	474072	937030
708156	705237	230639	972740	795806
566602	750292	490529	209119	931309
648005	555000	943810	458051	861099
708621	682016	203374	705532	883903
656011	690156	389022	151280	570592
860442	166044	148404	620801	800077
299150	930853	632805	222190	245034
610004	364850	202367	239089	401472
404925	940627	451015	741340	674034
710098	775510	209155	308510	990256

411660	806579	273202	170206	130086
251703	812065	200103	716089	955012
850002	701977	532960	303746	347708
803507	231079	491740	438303	957710
207423	834150	884940	528000	610119
633907	668707	546409	591500	902029
900374	570294	482074	780912	205536
603713	335470	810660	963061	710047
122010	760495	750088	112083	835709
404181	457084	779003	599605	130548
504733	513909	502878	416105	635084
441330	202822	389150	109693	741100
969660	969001	888901	579880	140302
837008	570159	320775	760996	972096
215900	660103	741660	431790	308392
700791	603505	580670	540014	170231
151980	640257	440957	235095	833011
230857	201996	941013	625909	603949
899960	408170	508913	990922	557670
680655	737035	260146	921705	550890
905667	856013	777750	230068	136503
580415	612300	610259	805510	919406
836110	821607	501812	762470	774940
790570	255091	906897	230256	801424
623900	352360	363075	309197	250682
437800	314101	450011	744042	706857
303675	573701	106741	478390	709187
778830	940038	749051	670835	115904
240948	196078	738801	718430	510689
850313	404774	612702	735089	286205
986024	731054	601528	704027	519309
413430	686303	822702	290937	300787
629053	530347	805907	405055	335550
750285	230203	205778	247480	378570
468950	314200	466940	302291	808563
277034	430877	418000	102661	497085
380157	108285	403304	670319	620836

361004	657702	706249	738290	846802
710826	132930	502267	953470	181505
817260	630664	326990	830403	891760
199105	404123	970699	630405	620884

同步训练 1.1.5　综合输入

【任务介绍】　按指法规则进行综合训练。

【任务要求】

（1）坐姿正确；

（2）指法正确，盲打；

（3）敲击有节奏，指尖抬起幅度在 1 厘米以内，不要幅度过大，不要翘手指。

【训练内容】　分为 4 个小节。

1. 训练（1）——多位纯数字

321827	861415	149137	720446	633771
239568	585948	907360	643832	520682
763689	130915	444744	996088	361662
632140	997302	337187	406404	399784
796940	837319	825582	133254	647233
215370	251859	850776	634204	325652
171414	953871	589497	696275	692254
527063	468427	442692	719146	626080
358808	597753	814578	623701	841409
338425	977500	767425	599667	721975
448014	262105	828331	818591	579578
804424	675316	353418	670527	914035
705906	758920	306348	217309	882660
493739	570226	426565	553451	863735
999226	127073	766500	349300	520544
627040	620500	327542	307126	980144
309052	789900	147553	450932	751551
595788	552849	861024	416232	542387
956125	680103	753450	990955	305116
663689	842190	338262	941390	189907
328009	359050	336671	953690	311948
970807	440766	172914	255607	971065

191139	963437	926801	340051	361977
873754	956273	732067	920871	399355
194056	196224	977748	751392	592525
671326	837334	579649	335642	459808
237961	711666	115420	111611	650171
124844	679092	858206	556790	919987
637214	994935	953694	720288	246227
184364	140519	950298	946388	553786
964177	510867	801065	398496	501870
581531	824614	729879	811774	668896
592314	218331	211121	909043	825552
167581	108938	990041	658772	364463
905590	536106	671709	180602	168055
985172	715780	959335	983149	401245
832546	939094	305333	614777	497327
381037	363635	765678	322460	831658
265192	516010	285924	779987	582799
973602	744043	873061	707132	567703
210930	234097	860201	510341	718356
174586	585396	776819	230587	789097
620170	218513	187551	659587	293114
665296	843516	273668	338861	503844
982460	265170	102609	107877	669715
541207	599744	772993	254928	124816
752783	684056	806635	740839	189286
779624	506151	260199	844378	682655
943696	232373	405877	394414	918906
451464	853205	250947	336094	734279
282338	966268	609733	289089	164105
696557	873638	101309	594614	808772
715178	804218	275943	239377	102423
350068	918674	140154	207870	896705
423055	464249	772997	169410	939575
693777	826170	185477	394873	497809
590628	669789	888147	697750	395840
261807	136106	133167	534250	665054
774243	169308	307984	827977	599956

183453	597892	212781	210998	158781
774860	139089	770598	352158	869202
827024	366700	164623	984755	182444
160071	773066	293685	421658	903412
477113	331541	516553	851955	711517
475963	661477	115298	882686	992327
140279	157400	211337	232120	699702
243560	779952	717139	711637	625374
256391	228809	208629	870333	946619
673600	674320	208854	316821	564066
320206	672251	965893	728947	962928
127064	179092	582325	615644	378650
998457	911995	254773	253987	121315
286697	942263	886518	452008	552636
383426	789657	860431	266280	910057
457605	547667	262269	527485	344633
100004	415486	537897	667352	265462
263824	380563	101117	346846	383581
493792	831787	933858	827530	621066
555768	735639	615678	696659	565219
659298	431512	762021	896124	658824
507113	318022	581633	579458	983323
563101	987118	228345	420156	278436
393324	132898	674902	143777	339636
691645	313264	700184	857295	123796
801517	865504	295097	369822	335607
442163	279769	348867	822862	561334
328398	517455	821636	571674	139449
633262	439709	286765	323783	330851
495042	459084	800156	681179	933210
994959	664535	250999	978897	203584
417555	966303	757821	741179	812119
325084	691879	169686	947087	408112
452535	356081	447182	659046	510280
420519	656409	369470	723671	362738
584033	213036	150037	968531	636406
325797	756987	822814	923766	324116

806258	999727	880123	603166	356719
882031	649358	437505	711801	537235
263928	780032	195557	474434	748907
198788	769678	428715	216076	968012

2．训练（2）——带有小数点的数字

500.154	337.958	5323.61	7019.05	98.9651
49957.2	33.7275	173.626	2560.01	38306.4
83.2839	52.5559	6970.17	94.5555	1596.69
91150.4	10343.2	9985.25	857.454	35.3547
7554.89	844.594	381.282	6061.77	9356.93
59.8027	30.5659	49.7811	69.8675	810.546
1567.45	429.998	59.2607	78.4151	66637.6
57035.6	931.038	83.1131	6139.61	123.418
992.442	938.538	607.662	81319.6	38.0483
804.622	89.0511	74.5035	95.1811	21318.4
86305.2	805.242	35539.6	43792.8	16.2887
58.3051	61.7359	21.9707	11.8119	53827.6
7407.85	41.2563	29.9987	33773.6	5831.13
44348.8	65.8643	5331.21	92297.6	77700.4
22999.2	55.5847	9434.61	82.9035	9242.73
48.0119	56087.6	95.3859	12563.6	30169.2
80.1323	4681.77	7587.09	9756.49	8550.57
200.478	750.022	3230.37	78010.8	458.206
323.962	387.758	6807.53	98191.6	2763.85
5888.41	3909.65	713.822	41068.8	1784.01
92225.2	7432.89	446.726	58.9759	29913.6
93195.6	71.0423	2870.49	312.194	94704.4
636.358	776.674	6373.45	27056.8	4471.85
777.838	7129.89	7579.33	1956.49	246.738
85.1539	8244.37	7382.13	25968.4	2038.89
65.0459	95443.2	320.838	71.5127	4161.05
95291.6	1259.17	69643.2	43784.8	73.1351
69639.6	78.5951	161.498	8353.33	6519.69
97.4843	63.4475	6429.29	185.514	188.934
7534.89	13448.4	68.3931	50.5723	6413.01
9052.45	37.4563	887.554	17762.8	54.0555

41823.6	935.838	29901.6	71438.4	66.3255
92.7215	29197.2	4732.77	9300.01	212.166
10.3791	5069.17	7348.97	4201.85	20017.6
55.8267	853.942	2827.21	2632.57	65779.6
66913.2	76.8287	4247.69	76844.4	5612.41
13766.8	623.242	46292.8	37927.6	21327.6
8072.09	140.526	8117.05	24.4603	38.6739
322.346	212.914	627.258	826.098	84400.4
7850.05	116.122	92.6391	34852.4	92.7771
33.5579	7596.89	81414.8	9154.21	4677.09
63.9519	434.842	9178.25	94.8255	26.7471
6669.97	9855.05	21.6463	375.254	78.2303
2548.13	46.1627	18.5799	6884.81	53.1079
20.2691	926.302	3776.69	2378.53	880.658
82.2363	62555.2	91.0919	50.2027	383.482
19.4803	1983.33	990.166	22919.6	751.182
1271.85	2778.69	588.934	86.2935	213.766
422.562	176.806	68507.6	20.0827	3532.33
20171.6	524.914	142.638	76203.6	70.3763
681.546	90.3947	2223.09	86142.8	9368.09
95.4823	6695.81	6978.73	6495.37	1704.01
724.142	4559.89	6799.89	306.234	12.3415
58.0263	43304.8	56.9787	83320.8	573.186
7122.37	84.7619	8054.77	97653.2	69377.2
7194.05	33.1171	8550.93	3248.81	41.4351
20975.2	83554.8	81.8847	97269.2	431.498
25756.4	88063.6	73330.8	79920.4	4951.53
5347.53	21.4539	55.7831	6940.81	9113.01
1285.81	28.6127	67099.6	964.634	8109.69
383.246	64756.8	95.7659	678.778	31144.4
257.018	96666.4	642.498	50161.6	91.0067
791.038	563.322	7875.17	27696.4	57.8183
34.5895	909.814	44400.8	81.5771	9594.69
30.9379	45.6243	18.8619	47.7855	11.6923
346.934	77275.6	33579.6	640.062	59.6243
7481.41	46965.6	29196.8	29260.4	393.282
69949.2	1729.57	4490.29	31.7159	693.166

22187.6	484.898	55742.4	1215.09	402.214
91.5807	198.654	42.4607	9043.93	79.1739
1449.97	26215.2	818.326	9611.97	15462.8
98617.2	78.3199	4282.93	782.818	8538.21
70.0543	78.8847	96209.6	85600.8	98.8967
6701.93	245.906	59479.2	7643.13	370.894
38134.4	84.5707	31.7603	48810.4	82293.6
72.3043	90946.4	945.174	838.598	4842.37
78.5207	84851.6	22558.4	70.0859	4206.01
83886.4	5395.93	99.9223	5874.53	33.4047
1275.21	184.074	685.046	8363.57	50032.4
696.906	7173.13	38756.4	75.0815	15351.6
85813.6	60668.8	2242.81	3022.09	91.6467
13.2999	75376.8	406.918	453.802	48619.6
68.2367	312.418	78.7567	9367.65	91607.2
9384.61	78991.2	95.2659	2450.49	43.2291
68.1279	38.6099	514.142	54491.6	5596.49
967.762	814.038	9391.01	9003.89	5671.09
483.234	20.8915	6285.49	273.126	5611.93
93.0467	6305.33	795.882	23.0935	38659.2
18252.8	4094.29	40788.4	995.418	74.2787
9236.77	36.2327	305.434	589.634	730.974
24.8571	201.238	947.594	10.4767	65.4647
2536.17	64278.8	80782.8	28334.8	50.1643
42135.6	9216.25	62865.2	6528.57	92.0195
1992.29	39454.8	32.1779	7964.25	7135.21
231.702	500.122	467.058	162.314	18995.6
29223.2	4015.25	4577.97	68.8371	97139.6
3182.93	70921.6	97593.6	8297.85	75844.4
5940.01	902.678	9673.53	84842.8	206.566
3492.97	60.3019	87.3751	17.9811	127.706
40.1199	8358.25	2600.57	20.8183	9016.01

3. 训练（3）——带有负数和小数点的数字

-3305.57	-2938.65	502.706	192.898	54882.4
6497.01	-35.8439	-4925.41	-78612.8	-3344.21
17.0419	-3973.37	65.6987	-919.362	6079.37

-4319.21	-446.966	-3848.73	6008.97	-27139.2
53966.8	58.7171	5828.77	1205.05	-8789.41
-20067.6	-31.5611	-893.518	-77590.8	19.6355
663.686	11432.4	-453.498	-77.2419	-2104.29
63690.8	698.498	-901.558	-99.0379	-268.942
-96210.8	-98.7051	-4193.61	-43.8531	1058.01
-83698.8	-932.686	-84.5743	-21.8375	53.9947
-2401.05	525.606	-28520.8	50.8971	104.486
-97819.6	-94.9459	-8563.97	5681.17	5842.81
-22873.6	-31.3087	5010.49	-9863.61	-26.2039
64.4955	-46636.8	12.2551	1070.37	-336.462
1060.33	-875.802	-44259.2	5217.01	-72.5035
-95.9363	-795.034	-712.826	-788.542	18.4319
-203.686	-87.5315	-41.7779	-4571.89	50429.2
-98.3783	-83.2975	6432.85	562.078	-47.5643
-74253.6	-35.1479	6706.21	-95844.8	535.418
124.506	13333.2	-37.6291	-2205.09	-73972.8
109.102	-3738.89	-91376.4	-49.3003	-781.786
6030.41	-4158.33	69520.4	51773.6	62.7867
5664.01	-87478.8	63.8995	55603.2	6548.69
55.9415	-35986.4	6270.69	-95514.4	-713.438
11208.8	-26867.2	-20.8883	-73903.2	-94483.2
-811.118	-946.938	-9377.05	5411.53	63093.2
66899.6	5687.69	550.974	-4063.41	-2226.49
-8124.25	5114.57	-420.342	-33383.2	-99695.6
-8239.81	-25487.6	-346.318	13.8715	-3032.61
-85.6663	6677.81	-9701.05	102.526	539.426
6976.69	168.106	-8903.25	5547.57	-936.374
-70.0603	-24438.8	516.734	60341.2	-4852.93
590.622	-35.7159	-92835.2	-9545.45	-42625.2
51.9207	-81665.2	-3622.25	-29.9963	-7120.41
61.9659	65.0119	-88.9767	516.422	63084.4
-47340.4	-42.1171	-81116.4	-88976.4	-2953.61
-74.7035	-28.3875	-965.234	59931.2	59036.4
-3069.89	-9029.45	-48.5487	61976.8	-86.8111
-931.526	-8172.05	63662.4	-29563.6	66.6171
-244.746	-45492.8	-23417.2	52615.6	6423.53

-8903.57	58.9367	-844.778	-291.278	-48.5023
-74.2735	-3010.65	-4803.69	-3477.93	6266.09
-8004.41	128.686	11.8671	-374.666	-2246.81
-42.7567	-2466.77	50222.8	-32785.2	1866.05
13181.6	-77726.8	-2988.05	-47.0827	50.7767
-78949.6	-2029.17	-810.078	67.2439	-43.4831
-7554.29	-228.542	-25918.4	69194.8	-2410.85
600.178	5591.89	-41154.8	6606.61	-9304.25
-280.366	-3484.53	6368.85	-376.318	-84.4871
-22.6371	5764.73	-20426.4	-43.7407	606.954
6170.25	-7899.45	50.0847	-88777.6	-9088.41
17.9347	-9322.25	-9686.57	6652.21	-33.8939
-236.354	-98674.4	-40760.8	-27.9667	66400.8
-79.5975	-921.062	-484.018	5793.97	12.6967
-2079.33	5967.61	-772.342	5154.85	53534.8
621.262	-90178.4	-2426.33	1763.53	-27.5123
-30612.8	-79.7371	-897.574	-2090.85	-38897.2
-74695.2	56.0855	-7018.29	-81.5179	-322.458
-88133.6	68.6163	66486.8	67.6115	10738.8
-32497.2	-36737.6	-98.3759	-764.398	-9313.89
-9388.37	-763.774	-94.4851	5755.89	656.606
-878.526	1463.73	-31113.6	-9630.33	-9948.81
-34.6435	-34.1107	-7024.25	-31.0439	-81774.8
-9313.37	-77429.2	-87264.8	62.0067	-87.2175
-82.6587	-86.0371	-26499.6	-2361.77	1291.93
6346.09	5288.33	684.806	6376.05	161.634
-706.786	-2149.33	-316.098	5386.69	-801.498
608.586	-76841.6	53783.6	-82899.6	-84.8107
-2986.37	-75494.4	-952.266	13.7487	-40470.8
-20.3215	-72824.8	5619.45	-9473.37	-3271.81
-21.2615	-78439.2	-20.9023	6691.69	-32448.4
-20.7187	-2286.85	-23015.2	183.518	174.598
1181.33	-98.1107	-97309.6	-48.8627	-2168.09
-7625.29	6312.45	-38.7955	-2458.81	-4382.41
-96.6655	-36017.6	-4339.05	10816.4	-913.266
-85.4903	5529.37	-91.7611	-82.7611	13664.4
-8183.49	-9002.09	-43953.6	-2171.05	-72.9675

-285.798	63.5947	1684.25	-79.7955	18.8051
-45.1843	-7140.49	-2469.89	-83652.8	17.8599
-8378.93	-2633.41	-9587.61	-7260.37	-4934.77
6374.01	-93853.6	58382.4	14.6251	-4783.41
-97212.4	-767.902	-879.154	1049.53	-91235.6
-89.9015	-96395.6	-29103.6	148.642	-9278.49
-9006.29	-745.806	-203.102	-4681.29	-47700.4
69462.4	56508.4	-20856.8	1645.37	-38520.8
-37506.4	-400.434	-3078.53	-85.0643	-88.9503
5060.61	-822.466	-29.1975	62677.2	-79.7223
-84357.6	-27171.6	66.8975	-4283.77	-93968.4
-9926.17	190.106	-7364.77	-4115.53	60.6659
-33.3531	-4163.77	-22.5907	-7928.53	52578.4
-802.082	-21.7687	-9781.01	6897.05	-2058.85
-319.038	-7517.33	-72.0219	55531.6	-7152.49
-96.4279	-73.3791	5225.25	-89054.8	-22.3115
1817.25	-45.7223	58.1127	67.3831	-23.6395
-74706.4	-9972.13	59.7451	-9867.17	.64.2435
6194.01	-941.106	57.2583	52845.2	-8249.69
-26012.4	-37.8159	59.3911	-92.9175	1002.13
-223.222	-274.246	-448.618	-71663.2	663.274
-32.2679	-80.1467	-90781.2	52.7527	-2876.05
-221.742	-3588.33	-90.0935	-7421.05	-25984.4

4. 训练（4）——商品编码

186083178197+	056170095204+	087035093156+
186083178197+	057125194143+	198087035055+
010071071174+	057125194143+	198087035055+
128088088035+	144125194143+	198087035055+
161071071174+	170095197211+	144087035055+
161071071174+	170095197211+	144077035201+
004158033125+	088040118197+	186049072125+
004158056211+	070040194035+	186049072125+
004158056211+	070040194035+	174057035013+
056057049194+	080116024194+	031035040125+
056057049194+	144124117180+	116057072125+
056057049194+	035030156206+	116057072125+

126194057125+	035030156206+	025009057035+
048127147096+	144124087134+	004035030205+
167114022071+	035030066202+	004035030205+
167114022071+	035030066202+	057035030204+
092126162129+	010087035055+	048072040156+
092126162129+	043007057013+	048072040156+
128178092040+	043007057013+	057087035055+
126162116129+	048072040197+	069089087057+
126162116129+	088028067089+	087035092197+
057045170095+	088028067089+	089087057087+
057045170095+	087035093055+	080116122014+
146089121202+	004035085003+	079021089121+
170187083100+	035072006156+	079021089121+
170187083100+	154035072048+	067195006102+
085188079035+	151035137189+	067195006102.
085188079035+	151035137189+	004012035153.
025035048035+	035072147134+	144004017194.
067025057101+	051040194040+	144004017194.
067025057101+	051040194040+	161159035046.
062057071212+	051040194040+	161159035046.
080116025101+	144057057010+	010130051204.
004085188214+	144057057010+	010130051204.
004085188214+	144057057010+	144130051204.
021104147197+	168125056211+	144130051204.
049040194035+	168125056211+	148158057105.
025046002116+	057045057010+	010023125210.
025046002116+	057057057010+	010023125210.
057045116013+	116025057156+	088023125210.
116062154194+	071009023207+	138130051206.
116062154194+	117040028197+	144175057201.
017147028171+	198136065048+	144175057201.
057071186204+	198136065048+	048175057153.
057071186204+	057010048035+	125195119040.
186057071210+	057010048035+	128005153156.
186057071210+	144010048035+	107176125056.
012035028171+	076071055204+	067126171118.
012035028171+	076071055204+	067126171118.

130048079134+	038116155210+	076025116048.
002072040206+	038116155210+	076025116048.
002072040206+	057117040028+	004017089030.
016002072040+	159089117028+	012025035194.
030009057203+	088034071210+	016042057201.
030009057203+	159028052010+	035171025114.
107116025071+	038079021121+	138087096209.
116025078071+	038079021121+	
004035085003+	116028194057+	

进阶提高

（1）先练习"4、5、6"基准键位，再分指练习，食指"1、4、7"，中指"2、5、8"，无名指". 、3、6、9"，小指"+、ENTER"。

（2）加百子，将"1+2+3+4+5+6+7+8+9+10+11+……+99+100"连加，或者连加更多次，连加 N 次的答案都等于 5050。

（3）减百子，先输入数字 5050，然后依次输入"-1-2-3-……-99-100"，结果等于 0。

（4）连加连减练习，把 123456789 连加 9 次，和为 1111111101，随后再逐笔减去 123456789 直至减完为 0。

（5）连加连减练习，把 1234567890 连加 9 次，和为 1111111010，随后再逐笔减去 1234567890，直到减完为 0。

（6）连加连减练习，把 9876543210 连加 9 次，和为 88888888890，随后再逐笔减去 9876543210，直到减完为 0。

（7）竖式练习

① 食指练习，147+147+…+147-147-147-…-147 连加 10 次再连减 10 次最后归 0。

② 中指练习，258+258+…+258-258-258-…-258 连加 10 次再连减 10 次最后归 0。

③ 无名指练习，369+369+…+369-369-369-…-369 连加 10 次再连减 10 次最后归 0。

④ 综合竖式练习，147258369+147258369+…+147258369-147258369-147258369-…-147258369 连加 10 次再连减 10 次最后归 0。

技能 1.2　翻传票训练

【训练指导】

● 传票的整理

● 传票的找页

● 传票的翻页

【训练目标】 通过本训练，掌握传票练功券的使用方法。

小键盘的输入主要用在账单、分数、统计等数字出现较多的地方，这种时候往往需要录入员左手翻单子，右手输入数字。因此，建议在输入较熟练后，自行找单子进行模拟工作场景左右手配合的录入训练。

传票本分为以下两种：

第一种是订本式传票，是在传票的左上角装订成册，一般在比赛中使用；

第二种是活页式，全国会计技能大赛采用，如图 1.4 所示。

传票采用规格长约 19 厘米、宽约 8 厘米的 70g 规格书写纸，用 4 号手写体铅字印刷，每本传票共 100 页，每页 5 行数，由 4～9 位数组成。其中 4、9 位数各占 10%，5、6、7、8 位数各占 20%，都有 2 位小数；页内依次印有（一）至（五）的行次标记，设任意 20 页的 20 个数据（一组）累加为一题，0～9 十个数字均衡出现。

图 1.4

同步训练 1.2.1 传票的整理

【任务介绍】 快速整齐地整理传票。

【任务要求】

（1）能准确墩齐传票并打开扇形；

（2）固定传票不能散页。

【训练内容】 整理传票。

传票在翻打前，首先要检查传票是否有错误，如出现缺页、重复相同页码、数字不清、错行漏行、装订错误等情况，应当立即更换传票，重新检查新传票正确无误之后，才能开始进行传票整理。整理传票，就是将传票捻成扇形，使每张传票打开，自然地松动，不能出现多张页码粘在一起的情况。

将整理正确无误的传票摆放在桌面适当的位置。如果使用小键盘，可以将传票放在键盘的左上方，贴近键盘，便于看传票数进行翻打录入。注意传票捻成的扇形幅度不宜过大，只需要把传票封面向下突出，便于翻页即可。

提示

（1）墩齐：双手拿起传票侧立于桌面墩齐，如图 1.5 所示。

（2）开扇：左手固定传票左上角，右手沿传票边缘轻折，打开成扇形，扇形角度约 20 度至 25 度，如图 1.6 所示。

（3）固定：右手用夹子固定左上角，防止翻打时散乱，如图 1.7 所示。

（4）捻成的扇形幅度不宜过大，只要把传票封面向下突出，便于翻页即可，如图 1.8 所示。

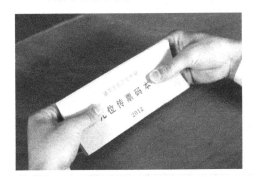

图 1.5

图 1.6

图 1.7

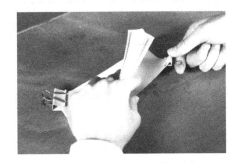

图 1.8

同步训练 1.2.2　传票的找页

【任务介绍】　快速准确地找到每题的起始页，提高传票翻打的准度和速度。

【任务要求】

（1）能准确把握纸页的厚度，如 10 页、20 页、30 页、50 页等的厚度；

（2）迅速准确找到起始页数。

【训练内容】　训练形式灵活多样，进行竞赛、测试都可以。

熟悉传票，首先进行找页练习。快速准确地找到每题的起始页，提高传票翻打的准度和速度。

传票找页的关键是练手感，能准确把握纸页的厚度。如 10 页、20 页、30 页、50 页等的厚度。用左手迅速准确找到起始页数。每组数量由少至多（5 题、10 题、20 题……），循序渐进。

边输入边找页是提高运算速度的一种技巧，手感和经验都会影响找页动作的快慢、准确与否，所以必须加强练习。

【知识拓展】

（1）单页翻找训练。

① 由教师报起始页数，学生快速翻找。

② 由学生相互之间报起始页数，进行翻找训练。

（2）多页翻找训练。

① 教师给出一组起始页数，要求学生连续进行翻打。

② 每组数量由少至多（5题、10题、20题……），循序渐进。

此项练习可以采取限量不限时和限时不限量两种形式。

以找页的准度和速度作为评价标准，如表 1.1 所示。

表 1.1

标准	优秀（难）	良好（中）	合格（易）
以 20 题为一组测试（限量不限时）			
时间（秒）	8～10	11～13	14～16
以 20 秒为时间段测试（限时不限量）			
对题量	30～40	35～37	32～34

同步训练 1.2.3 传票的翻页

【任务介绍】 翻票需要手指连贯、快速、准确翻页，提高翻页技巧。

【任务要求】

（1）票页不易翻得过高，角度适宜，以能看清数据为准；

（2）左手翻页应保持连贯。

【训练内容】 由于翻票据在日常情况下使用较多，所以分别进行针对性训练。

票面捻扇形的方法：两手拇指放在传票封面上，两手的其余四指放在背面上，如图 1.9 所示。左手捏住传票的左上角，右手拇指放在传票封面的右下方。然后，右手拇指向顺时针方向捻动，左手配合右手向反方向用力，轻轻捻动即成扇形。扇形幅度不宜过大，只要把传票封面向下突出，背面向上突出，便于翻页即可。最后用夹子将传票的左上角夹住，再用一个较小的票夹夹在传票最后一页的右下角，将传票架起，使扇形固定，防止错乱。

提示

（1）"按"：左手小指、无名指和中指按住传票的左下端。

（2）"翻"：左手大拇指逐页翻起传票，并交给大拇指夹住。

（3）左手连贯、快速、准确翻页，提高翻页技巧。

（4）票页不宜翻得过高，角度适宜，以能看清数据为准。

图1.9

（5）左手翻页应保持连贯。

（6）先采取看着传票翻页，熟练后再练习盲翻。

（7）翻页计算时，可先采用一次一页翻打，熟练后也可进行一次两页或三页的翻打。

翻页练习是传票翻打的基础，只有左手能够很准确、连贯、快速地翻开传票每一页，才能快速地进行传票翻打。

以翻页的速度作为评价标准，如表1.2所示。

表1.2

标准	优秀（难）	良好（中）	合格（易）
以100页（限量不限时）			
时间（秒）	40	50	60
以30秒为准（限时不限量）			
翻页量	60	55	50

技能 1.3　计算机翻打传票训练

【训练指导】

● 传票录入

● 传票计算

【训练目标】　快速准确地进行传票的翻打。

传票翻打要求眼、手、脑并用，协调性强，可以先练习第五行数字，因第五行数字在传票的最下方，便于看数、记数，不易出错，待第五行数字的练习达到一定熟练程度后，训练行次再逐步上移。

在传票运算时，为了避免计算过页或计算不够页，应掌握记页（数页）的方法。

记页，就是在运算中记住终止页，当估计快要运算完该题时，用眼睛的余光扫视传票的页码，以防过页。

数页，就是边运算边默念已打过的页数，最好每打一页，默念一页，以 20 页一组为例，打第一次默念 1，打第二次默念 2……默念到 20 时核对该题的起止页数，如无误，立即按回车键。

如果采用一目两页打法，仍以 20 页一组为例，每题只数 10 次，即打前两页时默念 1，再打两页时默念 2……默念到 10 时，核对该题的起止页数，如无误，立即按回车键。

记页、数页看似很简单，但在实际操作过程中却是很重要的，练习之初就应该养成记页、数页的好习惯，避免多算或少算而影响运算速度。

提示

（1）左右手协调：左手翻传票时，右手直接将传票上的数字敲入键盘。

（2）眼脑手协调：左手翻开传票时，眼睛应迅速看完上面的数字，大脑同步记住数字，右手连续不断地将此行数字敲入计算器。确保右手未打完当页数时，左手已经翻到下一页，保持动作流畅。

同步训练 1.3.1 传票录入

【任务介绍】 快速准确地找到每题要求的页码，进行传票录入。

【任务要求】

（1）手、眼、脑协调配合；

（2）精神集中，翻打同步。

【训练内容】 使用计算机上的翻打传票软件，配合配套传票进行训练。每次连续训练时间为 5～20 分钟，每题数据 20 个。以最后正确题数或得分为参考进行技能水平考核。

对于给定的数据进行录入操作，即每次输入数据后按回车键确认，以此类推。这种输入主要用在纸质数据转化成信息化数据时使用。

例如：先用 Microsoft Office Excel 电子表格软件制作表格（如表 1.3 所示），再将以下数据录入到表格中。

姓名	工龄	工资	补贴
小明	21	34.32	64.24
小红	5	982.12	25.65
小刚	14	43.56	114.45
小英	4	929.29	323.53
悟空	514	124.12	4.32
悟能	471	342.19	43.01
悟净	385	58.72	44.63

表 1.3

姓名	工龄	工资	补贴
小明			
小红			

续表

姓名	工龄	工资	补贴
小钢			
小英			
悟空			
悟能			
悟净			

平常在工作中，这种数据信息化工作有很多，像这个例子就属于传票录入的应用范畴。我们发现，每个人（同一行）的数据可能有所不同，但是同一类（同一列）数据的类型和格式是相似的。所以，一般我们都采用竖排录入的方式来输入数据。每输入一个数据，使用回车键来确认和切换输入单元格。

同步训练 1.3.2　传票计算

【任务介绍】　快速准确地找到每题要求的页码，进行传票计算。

【任务要求】

（1）精神集中，翻打同步；

（2）加强练习，分步进行。

【训练内容】　传票录入和传票计算的练习方式基本一致，只是数据确认方式有所区别而已，训练不再对此进行区分，均适用。

对于同类票据的特定数据进行统计汇总时的操作，即每次输入数据后敲击"+"（或其他需求运算符），将各个数据汇总起来，最后计算出一个汇总数据。这项工作更贴近实际，要求更高，难度更大，应用更广。

例如：请将如表 1.4 所示的数据按要求计算填写结果。

表 1.4

月份	一分店	二分店	三分店	四分店
一月利润	1 364 645.56	2 932 745.41	1 965 857.96	7 513 893.85
二月利润	925 546.91	5 639 239.06	4 743 793.97	3 792 801.26
三月利润	965 356.02	4 920 443.71	1 003 790.48	3 792 689.85
四月利润	435 625.65	3 554 320.16	1 706 575.75	3 554 320.16
五月利润	992 563.91	2 731 879.63	9 150 183.75	2 731 879.63
六月利润	1 535 629.59	1 302 677.06	8 617 168.99	1 302 677.06
七月利润	851 458.32	3 374 313.26	7 976 481.74	3 374 313.26
八月利润	429 524.05	7 141 373.32	6 135 169.53	7 141 373.32
九月利润	873 590.34	5 071 986.07	3 694 030.87	5 071 986.07
三季度合计	8 373 940.35	36 668 977.68	44 993 053.04	38 275 934.46

【知识拓展】

行业标准传票计算计分规则：按照录入界面提示页码和行次进行累加，每组加至 20 以回车键提交得到结果作为评断得分标准，即每一组为 20 分或 0 分，最后一组以时间到后的结果评定小分。时间 10 分钟截止时，共完整计算 9 组，最后一组结果计算到前 15 题并正确，合计 195 分。

金融机构行业标准：金融系统非常重视对员工的技能考核，每年至少进行两次考核，对技能不合格的员工要进行再培训，直至考核过关。

金融机构对数字录入技能的考核要求如表 1.5 所示，时间为 10 分钟（正确率 100%）。

表 1.5

项目	优秀	良好	合格	工具
数字录入	260 个数/分钟	200 个数/分钟	160 个数/分钟	计算器
	300 个数/分钟	240 个数/分钟	200 个数/分钟	数字键盘

珠算协会行业标准：珠算协会对传票翻打技能等级的鉴定标准如表 1.6 所示。

表 1.6

项目	高级	中级	初级	题量	工具
传票翻打	15	10	5	20 行/题（10 分钟）	计算器
	18	15	13	20 行/题（10 分钟）	数字键盘

传票录入与传票计算操作要点分析如下。

通过前面两个例子的体验，我们能够发现两种操作和所应用的差别。

传票录入每次敲击都是回车键，容易操作，输入完成后，容易核对，纠错更容易；传票计算以运算符为主进行录入，间隔使用回车键，这样在输入过程中要求注意数据个数，一旦错误，在输入完成后不易察觉，用错确认键和错误输入会导致统计全部需重新操作。

在实际操作中，传票计算比传票录入要求的准确率更高，甚至苛刻到不能出错的程度，所以在训练时应寻找方法提高正确率。

当数据来源是一打整理好的票据时，翻打传票的两种方法都不可避免地需要双手配合完成。可以参照使用丙丁传票练功券或者九位传票练功券配合对应软件进行训练。

传票数据分别如表 1.7～表 1.10 所示。

表 1.7　A 组传票

页数	第一行	第二行	第三行	第四行	第五行
1	80153.47	7241.63	153.46	603598.14	79.58
2	25.93	218.97	407826.13	5171524.26	795.61
3	251390.76	8620.97	89.54	7203.95	51340.97
4	169.48	9437680.25	7509.32	19784.06	306847.19
5	15308.76	89034.27	98207.61	9146.08	602.34

续表

页数	第一行	第二行	第三行	第四行	第五行
6	9603.27	7558130.93	269705.83	653072.89	5987.06
7	5107951.69	364.15	34512.06	14836.02	68.19
8	893401.52	5129647.98	2098.53	653.27	175093.48
9	3610.94	80912.47	487.91	574016.28	6491.02
10	791.58	782503.46	6174803.74	8576.03	63240.51
11	86301.45	19074.65	6219.04	382.96	47.29
12	3650.79	2751296.15	54705.93	810476.39	863.57
13	29.73	620495.16	6898520.39	682.51	52043.71
14	280734.61	2083.97	728309.16	64.83	4767431.16
15	6420.39	94025.13	581.34	340968.52	826504.31
16	502613.94	456.13	61049.52	3041.95	78.52
17	84703.92	9350.67	853.29	35.71	705321.98
18	78.29	401863.27	34918.76	962.38	4231.07
19	135.28	276.18	6941.53	28301.64	192.75
20	670251.93	5942835.14	412785.08	5989460.23	60745.28
21	78640.39	687409.35	48.59	93042.86	64.39
22	721.65	51037.86	527.93	1521573.26	567.91
23	2806.74	972.18	340782.61	7409.85	31524.07
24	916.84	2075.39	29.45	67190.48	174306.84
25	3210543.95	403529.68	1608.27	783.42	3629.84
26	695302.78	7960.32	43051.26	97.03	378.65
27	4309.61	106.54	520697.38	9369287.72	41082.63
28	98103.54	95.18	5209.83	356.72	843175.09
29	2754918.48	61082.74	978.41	854701.62	2064.91
30	571.92	304786.25	46.17	8091.46	16824.05
31	280634.51	61945.07	4069.21	7496732.92	538.29
32	9064.23	813.02	46307.95	104839.67	9687.05
33	587.61	407619.25	5745960.82	3085.76	10527.43
34	90786.04	4028.37	872613.09	581.26	64.71
35	75.21	3627318.84	458.13	49302.51	132950.48
36	4093.85	24809.53	72.69	471025.96	954.63
37	70923.84	7350.69	289.53	1304583.75	870532.19
38	65.91	704182.63	67348.01	296.83	3102.74
39	128073.46	827.61	5163.04	42830.16	1621579.89
40	172.56	45.91	249107.85	5748.09	60874.52
41	71584.93	6017.34	546.13	431065.98	9813509.25

页数	第一行	第二行	第三行	第四行	第五行
42	4287.06	60518.73	734028.16	51.62	615.79
43	206739.51	128.97	9448627.85	3059.27	40315.72
44	498.61	52.94	9270.53	47086.19	804197.36
45	5371280.92	304925.86	70162.68	273.84	4036.28
46	609583.27	3702.96	852067.39	39.57	875.36
47	1643.09	413.65	27043.15	14680.23	430891.75
48	56814.03	59.81	2085.93	723.56	2994563.37
49	7815032.24	19802.47	497.81	485270.16	1045.29
50	975.21	430528.76	14.67	6084.91	61802.45
51	152806.34	78619.45	2104.96	4949785.27	206.98
52	3092.64	283.15	64593.07	810437.96	5096.87
53	195.87	640751.92	2886095.75	6350.87	32105.74
54	49037.86	7920.38	316807.92	258.16	16.47
55	15.72	6343721.48	345.81	51094.32	804123.56
56	5409.38	84293.05	27.96	147695.02	473.59
57	80742.39	9506.73	928.35	3559134.17	7210.34
58	10.69	370461.82	48670.13	329.86	897053.21
59	412807.36	682.71	4051.63	38160.42	1968729.68
60	601.72	14.59	824917.05	7540.89	86042.75
61	17058.43	3640.17	351.64	843106.95	9291068.58
62	6042.87	51738.96	673410.28	26.51	561.97
63	920673.15	271.89	4932475.58	5390.27	4531.02
64	849.61	54.29	3027.95	91407.68	357048.19
65	2998307.53	430865.92	89702.16	427.38	6043.82
66	267095.83	6379.02	260859.73	53.79	687.53
67	4187.93	564.31	51260.34	38142.06	7260412.39
68	65180.43	15.98	3208.09	672.35	809157.43
69	2402643.78	74190.82	749.18	604852.71	2901.46
70	217.59	503468.27	17.46	9601.84	24165.08
71	415283.96	60195.74	4261.09	2995718.47	926.83
72	4360.92	813.02	40659.37	793068.41	7580.96
73	158.97	402675.19	8245097.57	5063.78	74105.32
74	94860.37	3092.78	512870.39	168.52	47.16
75	25.71	4668213.38	831.54	23501.49	890412.35
76	4530.98	50293.84	69.27	614702.95	594.63
77	98074.23	3760.59	392.85	7323765.01	270981.35

续表

页数	第一行	第二行	第三行	第四行	第五行
78	16.95	203784.16	84076.31	923.68	3014.72
79	614208.73	681.27	3815.64	24603.81	8601894.19
80	165.27	51.94	582490.71	9807.54	68542.07
81	70143.58	1730.64	416.35	348601.59	8558614.92
82	4067.82	17638.05	201843.76	61.52	975.61
83	592016.73	927.18	9432709.85	7025.39	41503.27
84	168.49	45.92	9350.27	40918.76	639740.81
85	5202457.93	493086.52	70521.89	783.42	2408.36
86	726309.58	3062.79	623058.97	40351.26	735.68
87	3491.06	315.64	40351.26	8096.14	32.79
88	30651.84	9868913.15	6503.29	536.72	950183.47
89	48.72	80917.24	871.49	704618.52	6092.14
90	921.75	305287.46	4197308.67	60381.42	41260.58
91	304156.82	57460.19	9841.26	74.92	394850.21
92	5726014.21	312.58	74903.65	190367.48	392.68
93	915.78	260479.51	27.85	8750.63	6578.09
94	63907.84	8370.29	306789.12	261.58	37012.45
95	2043.69	64.83	418.35	10235.94	1430592.76
96	307614.28	40932.85	7971584.62	526147.09	902753.81
97	27098.34	9760.53	16708.43	71.35	231047
98	5667345.19	730261.84	935.28	892.36	359.46
99	9048.53	762.81	4031.56	10246.38	18.69
100	712.65	4508291.19	470519.82	7098.45	20754.86

表1.8　B组传票

页数	第一行	第二行	第三行	第四行	第五行
1	289.57	78351.94	7871524.19	1930.72	765102.83
2	6239680.87	269.47	627840.15	95084.23	76190.48
3	108562.34	82.93	7690.21	815.46	5608.74
4	6034.15	219803.54	389.27	20937.45	97.31
5	731264.05	135.64	26014.59	63.98	3904.15
6	2329647.89	9081.35	408513.26	426.18	75038.41
7	5091.26	842905.73	453.18	98710.32	56.71
8	680247.51	615.32	12067.95	72.86	9204.85
9	146.73	40867.12	4158103.57	5986.93	670193.82

续表

页数	第一行	第二行	第三行	第四行	第五行
10	40897.53	95.72	9047.36	750639.42	362.94
11	6705.38	403871.25	318.56	60182.35	8374803.95
12	817524.63	263.94	30894.21	36.82	6035.18
13	392.14	29073415	6451296.79	2403.97	90837.25
14	80925.47	91.56	8690.74	506817.42	164.97
15	9167431.74	9085.61	460571.23	614.79	57042.98
16	206854.31	613.75	46230.17	18.75	2063.18
17	628.15	20861.53	4798520.16	7205.13	578091.24
18	48019.37	72.49	9603.84	805731.62	627.51
19	9479514.36	2501.97	510289.46	654.89	85093.74
20	5036.79	609547.38	972.53	29038.64	2848627.67
21	827.59	94037.85	2428036.98	7091.23	438210.76
22	47609.81	39.68	4086.75	756840.21	692.47
23	32.89	6701.92	850342.61	154.86	50823.64
24	1540.36	439801.52	278.93	45193.27	8913509.71
25	132057.46	364.15	69251.94	19.37	1094.53
26	8394563.92	5091.38	904183.25	216.84	41753.08
27	9120.56	780593.42	145.03	29701.83	67.51
28	514072.86	153.62	52079.16	1771280.45	8045.92
29	736.14	14067.28	86.72	3508.96	280769.13
30	30847.59	7449785.96	6403.79	4256730.97	295.63
31	7563.08	540871.32	568.13	30812.65	63.82
32	634780.25	694.32	21039.48	81.57	8135.06
33	214.39	52138.97	75.29	9703.42	520347.19
34	98124.07	7143721.46	4609.78	205817.46	497.61
35	4186095.79	6980.51	67203.14	149.67	5916032.83
36	685402.31	134.67	234057.16	51.69	8260.31
37	215.86	86053.12	70249.85	2705.31	420198.75
38	80593.47	4268720.89	8039.64	291370.85	751.26
39	74.92	9052.17	298640.51	849.65	45089.37
40	3679.05	890457.36	739.25	92380.46	4659134.93
41	275.89	85307.94	31.79	9123.07	670582.31
42	81690.74	8721573.62	7508.46	568421.07	924.76
43	83.92	2910.76	165340.28	548.61	45083.26
44	4036.15	321890.34	789.23	93450.72	7189460.89
45	329547.61	641.53	94062.15	98.63	5904.31

页数	第一行	第二行	第三行	第四行	第五行
46	8232475.39	3890.51	401625.38	285.46	75038.14
47	2065.91	857903.24	453.01	38709.21	71.65
48	407528.16	351.62	20619.75	7410689.51	9280.45
49	361.74	67208.41	27.68	6805.93	310289.76
50	84705.93	4998307.67	7430.96	630975.24	463.02
51	8056.37	324580.71	138.56	95081.23	83.62
52	347802.56	943.62	48390.21	8365412.95	1065.38
53	143.92	97380.25	25.79	4290.37	205741.93
54	81240.79	1723765.64	6780.49	718025.64	796.41
55	16.95	8051.69	261507.43	496.17	24785.09
56	402318.65	673.41	72314.06	7918094.41	2063.18
57	158.62	60531.28	15.87	7531.02	201987.54
58	59034.78	4845097.92	6439.08	852160.73	517.62
59	49.72	5217.06	896045.12	496.58	54809.73
60	6305.97	768049.53	395.27	80462.93	9668213.34
61	758.29	53087.94	71.39	1023.97	501823.76
62	16907.48	7826430.26	5087.64	16.75	429.67
63	28.93	6019.27	534082.61	461.85	50826.34
64	6415.03	218903.45	892.37	45027.93	8957180.71
65	205479.13	145.36	40621.59	86.93	9304.15
66	3845832.92	8095.13	652830.41	146.82	15078.43
67	6591.02	578304.29	631.48	92107.83	705842.16
68	752816.04	713.26	61975.02	5116079.47	2845.09
69	104.63	76824.01	67.82	3058.96	289053.67
70	48059.37	6945960.74	4709.63	793054.26	632.49
71	5637.08	243085.17	365.81	56812.03	36.82
72	473825.06	436.92	21098.43	3967032.58	6503.81
73	439.21	73025.89	72.95	2403.79	392501.47
74	24077.18	6154018.74	7084.96	180752.64	964.17
75	95.61	5680.19	915074.32	910.46	94750.82
76	204187.63	734.16	27146.93	1427318.97	6230.81
77	582.61	31206.85	51.78	1027.35	891204.57
78	91478.03	10.93	4098.36	521607.83	176.25
79	72.94	2150.79	869541.02	965.48	89730.54
80	15804.37	1073.46	415.63	310659.84	8269287.59
81	382.09	38059.47	8210543.94	2397.01	183760.25

续表

页数	第一行	第二行	第三行	第四行	第五行
82	90478.16	26.79	7450.86	584216.07	967.24
83	82.39	9270.16	408162.35	681.54	82504.36
84	4603.51	812345.09	923.78	54209.37	7124576.98
85	9308.54	48095.23	8258614.67	710596.24	639.45
86	9397358.82	1950.38	528304.19	468.21	51780.34
87	2019.56	783940.26	138.54	21709.83	75.16
88	257604.18	321.65	16079.52	178291.45	8095.24
89	741.36	67410.28	7430692.96	5390.68	902138.76
90	80539.47	72.86	9760.34	730542.69	329.46
91	6307.85	420835.71	658.13	81203.56	82.63
92	738205.46	369.24	20891.43	3567345.89	3058.16
93	392.14	58903.72	7471584.61	4037.92	329147.05
94	42180.97	29.57	9607.84	817520.46	641.97
95	16.95	9568.01	756130.24	746.19	28405.97
96	402631.86	346.17	46032.71	4126014.97	2308.16
97	261.58	85130.62	1708913.85	7395.21	104957.82
98	47803.19	29.84	4698.03	216780.35	625.17
99	2732709.49	5079.12	418902.56	658.49	78309.54
100	6379.05	784903.56	293.75	30429.68	43.06

表 1.9　C 组传票

页数	第一行	第二行	第三行	第四行	第五行
1	83.25	472.38	94310.75	178063.94	1742.05
2	6147.09	3139680.96	598360.41	142.59	71864.09
3	83.27	72853.06	317.24	1420.75	850493.62
4	14085.69	1271524.58	9140.82	510938.26	285.36
5	3860.91	792583.06	526.89	40936.28	71.49
6	38690.74	69304.17	104976.85	2427318.17	175.83
7	47.25	790142.58	4710.93	589.36	7439.06
8	857403.91	238.65	25869.03	6280.39	3645960.95
9	51704.26	361.47	5720.14	163507.94	827106.94
10	369.28	7018.45	2510679.86	68150.47	36.92
11	3047.51	85.17	51740.93	392.68	904721.85
12	9645832.28	4309.62	286930.47	97514.02	147.36
13	253.68	281570.43	5201.47	53.86	30928.65

续表

页数	第一行	第二行	第三行	第四行	第五行
14	89521407	691.24	8998520.36	539041.27	1703.49
15	36740.19	69705.38	628.15	8410.67	65.28
16	409625.81	5367431.27	42.57	10968.52	6309.47
17	6039.74	37690.41	839.16	258170.43	758.32
18	4228036.87	4086.91	569107.42	739.64	86901.43
19	427.51	510369.82	56038.47	3979514.26	15.28
20	58360.19	472.85	1068.39	8547.01	360147.92
21	23.58	748.32	42175.03	1721573.94	7250.41
22	1470.96	16.39	895061.43	412.95	17309.68
23	147.32	4075.21	3289460.78	20673.85	564302.98
24	69814.05	156038.92	1482.09	25.81	836.52
25	276830.59	84096.37	628.95	4069.73	574906.18
26	8106.39	97340.16	419027.58	41.72	718.35
27	2548627.47	901452.78	7014.39	839.56	39206.48
28	574398.01	265.38	30892.56	2039.68	65.39
29	17426.05	6213509.39	147.65	635079.14	281069.47
30	963.82	1780.54	58.26	81502.74	7140.25
31	4705.13	1769287.85	70493.51	968.32	485109.27
32	278.69	3906.24	829347.06	70951.42	473.61
33	291407.85	185043.27	2470.15	3510543.68	93286.05
34	70491.65	162.49	39.68	275094.31	7109.43
35	368.52	70583.96	2754918.54	4067.81	5867032.62
36	918206.53	35.72	916.38	65289.01	3094.76
37	3704.96	74190.63	42380.57	843170.25	832.57
38	28.74	9106.48	642759.01	364.97	41603.89
39	251.74	130698.25	815.62	5047.18	2829647.51
40	36109.85	258.47	6013.98	29.36	920143.67
41	5358103.28	463.87	21750.43	490168.37	2041.75
42	4906.71	39.16	589164.03	419.52	73096.81
43	431.27	1250.74	2851296.37	52703.86	640328.59
44	81054.96	256308.19	4082.91	51.82	352.68
45	759206.38	40963.87	892.65	6730.94	9474803.71
46	3918.06	17043.69	907285.14	17.42	357.18
47	4732475.52	140528.79	3910.47	568.39	30684.96
48	701439.85	658.32	89026.53	6859.02	56.93
49	74105.62	2310689.96	761.34	417396.05	728106.94

页数	第一行	第二行	第三行	第四行	第五行
50	328.69	7054.18	82.65	40271.58	2504.71
51	1340.57	7882091.15	51047.39	932.86	275408.91
52	62.89	4930.62	628304.79	40759.12	361.74
53	258.36	815402.73	4150.27	3867345.65	53082.96
54	142705.89	149.26	96.83	705231.94	3079.41
55	41603.79	58079.63	426079.51	4768.01	5232709.68
56	189650.23	72.35	381.69	56910.82	4076.93
57	4096.37	36109.74	5458614.27	417325.08	258.73
58	42.87	8190.64	152.86	649.73	98036.14
59	154.72	301982.56	20387.54	4170.85	8526014.12
60	60195.38	524.87	9831.06	26.39	143092.67
61	2597358.38	287.43	31250.74	734098.16	7104.56
62	1706.49	19.56	850916.43	152.94	96810.37
63	312.74	4205.17	8771584.23	68702.35	403285.96
64	16045.89	630891.52	9108.24	12.85	526.38
65	592038.67	87306.94	265.89	7094.36	4130692.97
66	9081.63	71403.96	149728.05	71.24	518.37
67	2468720.75	704152.98	9014.73	659.38	20836.49
68	143908.57	532.86	38096.52	2930.68	63.95
69	47502.16	3959134.62	163.47	173059.64	281694.07
70	269.83	8074.15	26.58	54072.81	5410.72
71	3401.75	5894563.17	93504.71	862.93	127480.59
72	28.69	6203.94	794038.62	12075.94	95083.26
73	283.65	381420.57	2705.14	6871280.35	617.43
74	16037.94	416.29	68.93	490523.17	14072.93
75	6049.71	80796.35	4716032.25	7086.14	2849785.56
76	230658.19	25.73	916.38	85160.92	3407.69
77	9603.47	73091.64	214076.95	174250.83	853.27
78	27.84	4809.16	518.26	493.76	89306.41
79	147.25	903825.61	38074.52	5107.48	7058.29
80	514870.63	5071.96	53.72	876.95	5165412.82
81	3898307.52	843.27	25074.31	347980.16	1054.72
82	417058.92	91.63	357019.46	5957018.12	60187.39
83	243.71	7102.45	27.83	56078.32	320496.85
84	40891.65	308915.26	2401.89	2826439.15	352.86
85	471502.96	95730.21	496.52	2369.05	23.49

续表

页数	第一行	第二行	第三行	第四行	第五行
86	8190.36	69147.03	501782.94	1468213.27	387.51
87	45.72	798021.54	1470.39	598.63	48302.96
88	754109.83	328.65	90657.28	6809.32	3545097.96
89	50261.74	93.26	634.17	730596.41	812064.97
90	683.92	5104.78	2818094.56	48107.25	1507.24
91	7510.34	81.75	19504.37	269.83	721085.94
92	6223765.98	2039.46	497380.62	20579.41	164.37
93	170924.85	714025.73	7240.15	38.56	50832.69
94	61940.73	462.91	156.82	905321.74	4790.31
95	836.25	98053.67	8380913.69	8601.74	85.26
96	302189.56	7224576.35	983.61	20165.98	4076.39
97	3470.69	46109.72	76.45	742058.13	537.82
98	7443721.28	8019.64	140796.52	376.94	93064.18
99	425.71	380961.52	74052.83	1740.58	18.25
100	51698.03	485.72	1803.96	3986095.62	140367.29

表 1.10　D 组传票

页数	第一行	第二行	第三行	第四行	第五行
1	358.74	70846.5	6543097.28	528091.47	42705.86
2	52.68	92.76	8073.41	163.89	316.95
3	720149.38	6875.01	57854.23	48682131.2	49701.38
4	2016.93	630942.75	3029.56	4871.3	4223765.93
5	920614.57	75029.13	154.29	76890.13	61403.85
6	26.83	863.51	630754.18	5018.37	421.67
7	426.98	30987.21	2013.89	3418094.98	8524960.3
8	61075.38	427.6	127.64	590241.37	17602.41
9	394071.52	9150.64	97.26	5013.48	301278.46
10	5017.49	402579.83	942085.7	20514.38	9524576.36
11	388091.3.71	13072.5	783.14	492.65	39507.81
12	6820.95	192306.84	719.4	51084.27	245.61
13	165.43	5686095.38	729360.51	7615.02	32075.96
14	51047.29	951.47	6038.95	301697.54	41.78
15	294038.75	60482.97	294038.75	398.62	83012.56
16	976.43	8443721.39	81.75	8906.35	9506.32
17	51.28	672.91	70481.69	603752.49	360142.98

续表

页数	第一行	第二行	第三行	第四行	第五行
18	650239.4	504618.32	9045.67	1721573.24	431.76
19	4290.18	9057.61	521.83	4809.13	3589460.27
20	306758.14	37408.25	608439.21	598.76	27586.04
21	734.58	8407.65	52.86	280914.75	8705.92
22	621350..985	381.96	60913.87	85043.16	75109.68
23	97013.48	8148627.24	4738.01	813.74	204973.18
24	1930.62	309427.56	69.75	2659.03	169.53
25	206145.79	57290.31	542.19	2310543.94	27.69
26	63.82	351.68	831067.45	8375.01	57180.93
27	691.24	72103.89	1038.92	9469287.38	528036.94
28	10753.68	27.46	461.72	902617.35	1534.08
29	349710.25	1059.46	76.92	76240.18	167.42
30	1074.95	540983.72	24805.97	294.56	14.97
31	736703.281	3170.52	314.78	52140.83	460831.27
32	8059.62	684291.03	15840.72	3654918.95	5960.38
33	435.16	6358103.85	923015.67	6201.75	29570.63
34	10279.54	517.49	8359.06	607835.49	721.4
35	904275.83	76489.02	18.74	289.63	456.12
36	643.97	89.34	439216.08	215608.3	6302.59
37	217480.385	712.96	60489.17	1038.94	142980.36
38	97203.56	460182.35	27.53	9629647.24	317.46
39	8104.92	1650.79	153.82	375294.06	1751296.58
40	603514.87	73025.48	67945.09	765.89	2087.95
41	347.85	5470.68	2810689.56	915087.24	75860.42
42	25.86	683.19	726940.35	54031.68	1680.57
43	71048.39	1232475.48	7803.14	741.38	497018.32
44	9016.23	403279.56	86713.09	6032.95	613.59
45	601479.52	25903.17	429.56	72.94	9358614.24
46	28.36	681.53	483607.15	1057.38	37810.95
47	824.96	92710.38	3108.29	4332709.98	825369.04
48	70361.85	46.27	614.72	269017.53	5408.31
49	497102.53	5910.64	3997358.56	62041.87	764.21
50	7495.01	409137.25	57428.09	564.92	972.6
51	14552.12	7052.31	347.18	25083.41	6482071.3
52	5629.08	384190.26	50728.14	49.71	124.65
53	356.41	8330692.65	230157.96	20657.1	56297.03

续表

页数	第一行	第二行	第三行	第四行	第五行
54	27910.45	497.51	6059.38	794835.06	74.81
55	402758.93	64029.87	6271584.49	15683.02	9038.65
56	437.69	94.83	839160.24	863.92	421089.36
57	155913.428	271.69	48097.16	31908.49	3025.96
58	27905.63	601832.54	4095.76	21.47	714.62
59	1082.94	6507.19	538.12	752064.93	7868720.15
60	351487.06	37205.48	75.32	587.69	2870.95
61	487.53	8605.74	2671280.85	150978.42	76085.24
62	82.56	319.68	269704.53	45310.86	8057.61
63	17839.04	4194563.28	8031.47	5936.02	970183.24
64	1620.39	340259.76	68073.91	29.47	135.69
65	14795.026	59073.12	295.46	4521.12	9216032.34
66	82.36	158.63	834765.01	5103.87	78095.13
67	246.98	71083.29	8291.03	3849785.49	489463.54
68	36185.07	67.24	142.76	692170.35	4038.51
69	791025.34	9640.15	5998307.63	20487.16	124.67
70	4019.57	837250.94	74809.25	654.92	72.69
71	836541.217	3150.72	471.83	508341.2	486270.31
72	26508.9	843901.62	14780.25	91.74	412.56
73	654.13	3826439.56	902653.71	6571.02	29703.65
74	17204.59	951.74	3805.96	385067.49	41.87
75	204893.57	46209.78	2457018.96	6392.8	462.17
76	376.94	48.39	398602.41	60238.15	2509.63
77	126734.585	721.96	84716.09	1084.93	340891.62
78	90563.27	832540.16	9405.67	14.72	3085.69
79	8249.01	73504.82	312.58	520649.37	8182091.75
80	38609.57	248.75	6901.83	69.32	714032.69
81	853.74	6057.48	8571524.26	509784.12	60857.24
82	26.85	613.98	762045.39	53810.64	1076.58
83	71904.83	2839680.14	47309.81	6790.43	7098324.1
84	6213.09	403592.67	589.62	47.92	691.53
85	203876.95	49063.78	86130.79	178.34	1945960.74
86	26.38	851.63	341685.07	1530.78	80759.31
87	469.28	17830.92	3019.28	84273189.3	530429.68
88	61857.03	72.46	674.21	921703.65	3081.54
89	710253.49	6015.94	9645832.35	48071.62	246.71

页数	第一行	第二行	第三行	第四行	第五行
90	1905.74	490752.83	25097.48	592.64	27.96
91	3710679.81	7051.23	147.38	21053.84	384627.01
92	65029.8	430916.82	41087.25	19.74	6850.93
93	416.35	1212.54	365971.02	71025.6	56329.07
94	20417.95	591.47	8056.93	674509.38	18.74
95	483950.72	26097.84	4998520.26	396.82	654.21
96	6947.3	83.49	893024.16	28601.53	5096.32
97	857951.421	219.67	94160.78	8093.41	403918.26
98	56327.09	401638.52	4067.95	72.14	617.42
99	2049.81	35480.72	125.83	205493.76	1828036.57
100	25443.12	7019.56	37.25	596.87	154512.45

技能 1.4　计算器翻打传票训练

【训练指导】

● 计算器的按键功能及使用方式

● 电子计算器的指法

● 计算器翻打传票

【训练目标】　能使用电子计算器快速准确地进行传票的翻打，训练目标与计算机上的翻打传票类似，可以参考技能 1.3 的目标进行训练和考核。

同步训练 1.4.1　计算器的按键功能及使用方式

【任务介绍】　了解电子计算器的功能及使用。

【任务要求】

（1）了解计算器的按键功能；

（2）掌握计算器的操作；

（3）电子计算器的日常维护。

【训练内容】　学习电子计算器的功能。

电子计算器作为 20 世纪的重大科技发明之一，是一种体积小，运算迅速准确，操作简便，高效率，颇受欢迎的计算工具，如图 1.10 所示。

计算器的面板是由键盘和显示器组成的，显示器是用来显示输入的数据和计算结果的装置。显示器因计算机的种类不同而不同，有单行显示的，也有双行显示的。在键盘的每个按键上，都表明了这个按键的功能，如表 1.11 所示。

图 1.10

键盘上标有的 AC/ON 键，是开机键，在开始使用计算机时先要按一下这个键，以接通电源，计算器的电源一般用 5 号电池或者纽扣电池。

OFF 键，是关机键，停止使用计算器时要按一下这个键，来切断计算器的电源。

DEL 键，是清除键，按这个键之后，就会清除当前显示的数字与符号。

=键，功能是完成运算或者执行命令。

+键，是运算键，按一下这个键，计算器就执行加法运算。

键盘上有些键的上边还注明这个键的其他功能，即第二功能，这个功能通常用不同的颜色标明，以区别这个键的第一功能。例如：直接按一下=键，计算器直接执行第一功能，即完成运算或执行命令，若先按 SHIFT 键，再按=键，执行第二功能，即执行百分率的计算。

表 1.11

按键	键位名称及功能
ON/C	电源开启键，按下此键可删除记忆外的所有的数据
OFF	电源关闭键
0～9	数字键
C、AC	总清除键，用来将显示屏的数字全部清除
%	百分比运算键
M+	记忆加法键
M−	记忆减法键
MR	可调出记忆的总值（未按 MC 以前有效）
MC	数字键
MU	损益运算键
GT	总和
00/000	快速增零键
CE	删除错误输入的数字，每按一次，清除前次输入的错误数字
←	退位键，每按一次，清除一个输错数字
↑5/4	四舍五入键
F43210	保留小数键

同步训练 1.4.2 电子计算器的使用

【任务介绍】 使用电子计算器。

【任务要求】

（1）注意不同的电子计算器的指法；

（2）加强练习，分步进行。

【训练内容】 实践操作电子计算器，掌握正确的指法。

在使用计算器时应注意以下几点。

计算器要平稳放置，以避免按键时发生晃动和滑动。

由于计算器键盘小，按键排列紧密，一般应该用食指按键。因使用计算器时往往还要进行书写，最好使用左手按键，按键时，用力要均匀，直至按键接触到底部为止，不能敲击，也不能用钢笔等硬物按键。

计算开始时，按开启键，停止使用时，要注意按关闭键，以节省用电。

按下数字后，应立即看看显示器上的显示是否正确，按下运算键等指令键后，要注意显示的数是否有一下闪动，如无闪动，说明按键未按到位置。

每次运算前，需要按一下清零键。

给手指分工是出于提高输入速度的考虑。减少单个手指负担，提高正确率。但是与计算机键盘的数字键区不同，计算器有大有小，有些科学计算器并不是很方便多指使用，所以根据计算器按键的大小，我们设计了两种录入指法：五指法和三指法。

五指法与计算机数字键区指法类似，使用所有手指进行录入，这要求按键较大，计算器宽度充足。指法如表 1.12 所示。

表 1.12

键位	指法
1、4、7	由右手的食指负责
2、5、8、00	由右手的中指负责
3、6、9、.	由右手的无名指负责
+、一、×、÷、=	由右手的小指负责
C、0（、00)	由右手的拇指负责

基准键位：0（拇指）、4（食指）、5（中指）、6（无名指）、+（无名指）。

这里"00"键我们分工给中指是考虑手指习惯，这样方便指法记忆。也有说法是用拇指负责录入"00"，这是按照其数字含义与"0"的关系相近安排的。这里可以根据自己的习惯选择，以准确率高为最佳方案。因为与前面讲的计算机键盘使用方法相同，这里不过多阐述，参照计算机键盘练习即可。

三指法从名称上就能看出与五指法的区别，少用两根手指，这主要是因为在面对一些较小的计算器时，我们很难"一手掌控"。通过合理考虑，既满足多指分工，尽量少用手指，所以我们设计了这种方式。具体手指分工如表 1.13 所示。

表 1.13

键位	指法
1、4、7、2、5、8、.	由右手的食指负责
3、6、9、=、+、—、×、÷	由右手的中指负责
C、0	由右手的拇指负责

基准键位：0（拇指）、5（食指）、6（中指）。

同步训练 1.4.3　计算器翻打传票

【任务介绍】　能使用电子计算器快速准确地进行传票的翻打。

【任务要求】

（1）票币计算训练；

（2）账表算训练。

【训练内容】　训练目标与计算机上的翻打传票类似，可以参考技能 1.3 的目标进行训练和考核。

由于计算器看不到过程数据，所以在训练前需要对训练数据进行整理统计出运算结果，再进行操作比对。如表 1.14、表 1.15 和表 1.16 所示，提供了几组数据作为基础训练，供体验和练习。

表 1.14

序号	第一题	第二题	第三题	第四题
1	9 600 928.07	8 086 404.87	2 906 521.96	2 214 361.05
2	1 388 685.27	3 224 329.43	9 670 277.75	1 792 236.92
3	8 598 150.43	5 283 343.33	3 586 084.28	7 436 105.48
4	2 182 078.03	1 564 813.48	2 119 686.27	7 891 669.58
5	9 494 028.82	3 602 477.23	6 765 535.13	5 181 933.68
6	6 028 715.25	5 435 424.54	9 917 751.99	9 797 202.25
7	1 545 019.13	5 433 207.22	8 698 198.21	3 632 110.29
8	8 048 803.35	1 648 292.73	8 957 776.75	2 613 213.07
9	3 603 225.92	5 041 425.75	1 028 821.95	6 811 689.89
10	2 167 327.06	4 982 374.29	4 600 704.52	1 741 716.13
11	8 127 425.85	3 068 244.68	1 420 837.12	6 491 317.25
12	2 008 196.68	2 988 815.26	2 485 720.86	3 073 988.26
13	8 425 922.89	1 804 911.63	7 624 353.18	7 754 954.98
14	5 592 801.45	7 092 785.49	6 170 578.26	6 501 439.91

续表

序号	第一题	第二题	第三题	第四题
15	1 075 605.35	6 570 894.07	1 369 005.49	4 500 375.93
16	2 578 092.94	5 793 622.12	7 985 924.65	7 354 508.73
17	5 207 317.48	8 498 123.43	9 223 089.01	4 372 656.22
18	9 150 968.11	8 462 767.18	3 627 029.82	6 348 549.15
19	1 349 751.59	4 413 033.55	4 527 572.61	9 913 785.77
20	8 091 237.41	1 707 110.19	5 459 578.78	6 776 582.92
合计	104 264 281.08	94 702 400.47	108 145 048.59	112 200 397.46

表 1.15

序号	第五题	第六题	第七题	第八题
1	9 362 429.58	1 187 005.14	6 897 185.82	2 470 196.42
2	1 790 944.75	4 226 126.76	6 702 539.54	9 208 540.65
3	5 204 601.27	9 105 581.94	7 615 199.66	8 484 966.88
4	2 482 432.34	3 641 846.84	5 152 606.25	1 053 719.78
5	6 770 202.23	2 257 456.23	4 872 215.64	7 423 115.23
6	5 682 663.81	7 764 049.99	7 637 694.42	4 790 542.29
7	1 201 984.11	7 547 901.42	9 564 960.66	8 519 449.47
8	7 607 485.13	4 473 857.62	6 828 548.35	3 746 504.75
9	5 102 966.45	5 654 770.95	9 948 494.84	3 159 257.76
10	3 774 329.77	4 201 089.85	1 504 418.11	6 115 307.91
11	2 655 620.28	4 112 968.12	7 976 871.09	3 782 173.39
12	2 145 952.27	5 251 827.67	9 376 620.21	5 992 184.16
13	3 731 099.25	3 226 050.29	7 133 499.88	8 842 654.35
14	6 771 320.16	9 457 962.58	6 476 034.43	2 567 674.37
15	3 450 375.41	4 479 273.74	3 015 890.23	1 689 418.59
16	6 255 531.38	1 622 800.97	6 470 841.58	2 147 555.24
17	8 485 779.88	1 905 417.52	4 437 084.79	6 094 483.13
18	6 402 733.28	3 486 181.63	3 473 894.87	3 193 009.25
19	7 125 607.84	7 892 073.93	7 603 025.68	8 746 137.91
20	4 874 718.38	7 037 409.12	6 222 385.34	7 669 323.05
合计	100 878 777.57	98 531 652.31	128 910 011.39	105 696 214.58

表 1.16

序号	第九题	第十题	第十一题	第十二题
1	1 713 953.13	7 307 786.14	6 603 368.98	7 208 524.19
2	8 898 839.65	1 602 790.48	9 864 561.44	6 592 485.24

续表

序号	第九题	第十题	第十一题	第十二题
3	5 394 664.35	3 724 858.07	3 750 848.54	9 542 726.48
4	7 250 124.21	2 704 247.48	8 517 014.58	4 808 144.65
5	6 217 003.29	7 733 620.04	4 996 257.18	4 971 477.22
6	7 910 650.06	8 834 188.61	5 229 689.13	5 811 649.34
7	6 809 193.67	1 078 990.19	2 549 028.59	3 096 068.25
8	2 461 299.71	5 489 561.69	8 057 997.28	5 651 137.14
9	3 736 888.32	7 312 459.45	4 891 424.11	2 773 571.98
10	2 779 972.15	9 803 170.74	3 173 160.82	5 718 514.49
11	9 652 313.43	1 819 263.18	8 737 844.74	3 262 944.53
12	6 395 254.23	5 028 185.53	9 176 997.95	3 469 859.26
13	2 341 342.13	8 252 375.03	5 467 244.44	3 071 375.95
14	5 595 141.68	9 459 714.59	7 007 087.84	2 002 405.04
15	8 685 217.57	2 574 245.33	6 091 822.36	1 198 666.97
16	2 935 513.38	2 644 098.24	9 874 106.19	2 749 951.15
17	9 555 243.47	1 563 043.69	7 034 085.96	2 538 646.02
18	1 512 316.68	5 004 623.73	2 710 580.73	5 330 558.89
19	1 889 752.89	3 413 596.56	2 492 475.43	2 624 392.24
20	6 628 534.48	3 865 284.89	3 830 911.95	5 404 966.18
合计	108 363 218.48	99 216 103.66	120 056 508.24	87 828 065.21

　　账表算是会计工作日常结账和汇总数字的重要方法。目前，全国标准账表算题，纵向 5 个，横向 20 个，要求纵横轧平，结出总数。每张限时 15 分钟。每张账表纵向 5 题，每题 14 分，横向 20 题，每题 4 分，纵横均算准计 150 分，轧平再加 50 分算平一张账表共计 200 分，要求按顺序算题，前表不打完，后表不计分。账表算，一般都是从纵向 5 题做起。做完后，才做横向 20 题，账表算准是关键，只有准才能得高分，因为不管纵向还是横向，只要有一题错了，就轧不平。

表 1.17

题号	(一)	(二)	(三)	(四)	(五)	合计
1	8 722 753.78	1 472 161.74	-1 014 524.18	3 032 275.71	7 834 880.05	*20 047 547.10*
2	3 200 915.10	5 861 332.24	-2 078 499.26	688 548.62	-2 713 482.29	*4 958 814.41*
3	2 973 174.32	5 088 962.60	-2 369 030.07	9 958 393.61	4 627 672.19	*20 279 172.65*
4	3 581 639.60	-1 011 158.43	1 690 830.05	9 461 086.78	9 486 991.72	*23 209 389.72*
5	4 712 186.65	5 081 159.27	7 694 906.25	5 878 123.28	-682 235.60	*22 684 139.85*
6	1 547 125.42	6 347 716.16	4 667 321.94	2 074 879.25	5 490 226.52	*20 127 269.29*
7	3 084 982.17	6 214 674.96	-46 457.50	1 597 716.42	8 321 168.56	*19 172 084.61*

题号	（一）	（二）	（三）	（四）	（五）	合计
8	5 231 880.57	1 755 417.70	6 478 905.27	-1 857 259.67	2 473 222.47	14 082 166.34
9	4 214 942.40	3 702 398.89	957 609.09	3 331 361.94	9 919 611.50	22 125 923.82
10	7 925 300.99	-1 923 814.86	6 848 998.72	2 223 085.40	-100 532.94	14 973 037.31
11	3 601 758.49	9 658 146.75	2 920 005.12	9 683 199.49	449 857.12	26 312 966.97
12	6 697 359.75	2 692 794.82	284 615.12	-2 703 514.10	4 814 698.37	11 785 953.96
13	-651 515.76	4 863 521.78	-1 730 613.00	1 246 482.65	4 148 652.54	7 876 528.21
14	7 740 233.14	6 073 798.76	-820 020.50	6 370 720.16	8 743 707.36	28 108 438.92
15	1 490 071.62	-1 133 368.63	-2 707 143.46	1 953 869.50	2 295 240.90	1 898 669.93
16	-1 136 137.12	7 849 556.32	2 459 900.14	7 039 287.09	-1 827 438.92	14 385 167.51
17	-1 624 680.80	8 083 034.68	-1 755 208.09	2 296 859.98	-1 081 173.26	5 918 832.51
18	5 082 524.11	-773 435.75	9 140 701.60	9 848 952.88	8 077 906.05	31 376 648.89
19	-1 968 810.25	2 063 136.38	3 007 028.03	8 691 369.77	2 741 544.47	14 534 268.40
20	5 199 664.78	8 184 867.77	5 314 363.90	9 712 354.52	4 530 597.35	32 941 848.32
合计	69 625 368.96	80 150 903.15	38 943 689.17	90 527 793.28	77 551 114.16	356 798 868.72

英文录入技能

【技能要求】

● 养成良好坐姿习惯
● 熟知英文的正确指法
● 掌握英文的盲打输入

1. 键盘

键盘是计算机使用者向计算机输入数据或命令的最基本设备。常用的键盘上有101个键或104个键，分别排列在四个主要部分：打字键区、功能键区、编辑键区、小键盘区，如图2.1所示。

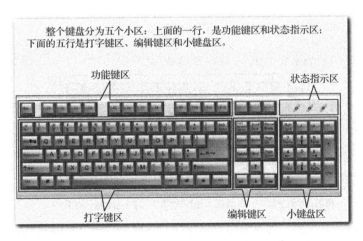

图 2.1

键盘指法是指如何运用十个手指击键的方法，即规定每个手指分工负责击打哪些键位，以充分调动十个手指的作用，并实现不看键盘地输入（盲打），从而提高击键的速度。

键盘的"ASDF"和"JKL；"这8个键位定为基本键。输入时，左右手的8个手指（大拇指除外）从左至右自然平放在这8个键位上，如图2.2所示。坐姿端正，重心落在座椅上，全身自然放松。腰挺直，头稍低，上身略前倾，胸部距键盘约20厘米（约两拳头宽）。双腿平行，小腿和大腿成直角，两脚自然踏地。

手臂自然下垂，肘部距离身体约 10 厘米。手腕自然伸直，腕部禁止依靠在工作台或键盘上。掌握了正确的操作姿势，还要有正确的击键方法。初学者要做到如下几点。

（1）平时各手指要放在基本键上。打字时，每个手指只负责相应的几个按键，不可混淆。

（2）打字时，一手击键，另一手必须在基本键上处于预备状态。

（3）手腕平直，手指自然弯曲，击键只限于手指的指关节，身体其他部分不得接触工作台或键盘。

（4）击键时，手抬起，只有要击键时手指才可伸出击键，不可在键盘上长时间压键或按键。击键之后手指要迅速回到基本键位上，不可停留在已经击打的按键上。

（5）击键速度要均匀，用力要轻，有节奏感，不可用力过猛。

（6）初学打字时，首先要击键准确，其次再求速度，开始时可用每秒钟打一下的速度。

各手指必须各司其职，任何手指间的"互相帮助"都是在帮倒忙哟！相关要点如图 2.2 所示。

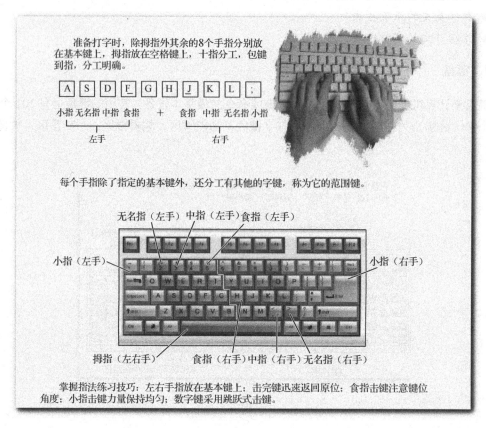

图 2.2

2. 基本键位和定位键

基本键位是指打字键盘中间的 A、S、D、F、J、K、L 和 ；这 8 个键，将左手的小指、无名指、中指、食指和右手的食指、中指、无名指、小指的指端依顺序停留在这 8 个键位上，用以确定两手在键盘的位置和击键时相应手指的出发位置，如图 2.3 所示。

F 和 J 这两个键叫盲打定位键，键面上都有一个凸起的短横条，可用食指触摸相应的横条标记以使各手指归位。

图 2.3

键盘是计算机的基本输入设备，其中 101 键盘是 PC 的标准键盘；104 键盘增设了 3 个用于 Windows 系统的控制键，是目前的主流键盘。

键盘各键位的情况介绍如下。

（1）字母键：所有字母键在键面上均刻印有英文字母，可直接敲击输入字母。

（2）数字键（0～9）：主键盘第 1 行的一部分，键面上刻印有数字，可直接敲击输入数字。

（3）换档键（Shift）：主键盘左、右下方各一个换档键，其功能是用于大、小写转换以及上档符号的输入。例如：要输入"A"，按【Shift】键的同时按【A】键，要输入"+"，按【Shift】键的同时按【=】键。

（4）大写字母转换键（Capslock）：用于大、小写输入状态的转换。通常（开机状态下）系统默认为输入小写，敲击此键后，键盘右上方"Capslock"指示灯亮，表示此时默认状态为大写，输入的字母为大写字母。再击此键，"Capslock"灯灭，表示此时状态为小写，输入的字母为小写字母。

（5）空格键：整个键盘上最长的一个键。敲击此键，将输入一个空白字符，光标向右移动一格。

（6）回车键（Enter）：大部分键盘的这个键较大（因用得多，故制作大一些便于击中）。在文字处理中，此键具有换行功能，当本段的内容输入完成，按回车键后，在当前光标处插入一个回车符，光标带着后面部分一起下移至下一行之首。

（7）跳格键（Tab）：在主键盘左边，用于快速移动光标。在制作表格时，敲击该键可使光标移到下一个制表位置。

（8）控制键（Ctrl）：在主键盘下方左、右各一个，此键不能单独使用，与其他键配合使用可产生一些特定的功能。为了便于书写，往往把"Ctrl"写为"^"。如 Ctrl+F9 可写为^F9，其功能为全角/半角方式的转换。

（9）转换键（又称变换键）（Alt）：在主键盘下方靠近空格键处，左、右各一个，同样不能单独使用，用来与其他键配合产生一些特定功能。

（10）退格键（Backspace）：按下此键将删除光标左侧的一个字符，光标位置向前移动一格。

（11）插入键（Insert）：在编辑状态时，用作插入/改写状态的切换键。在插入状态下，输入的字符插入到光标处，同时光标右侧的字符依次后移一个字符位置，在此状态下按【Insert】键后变为改写状态，这时在光标处输入的字符覆盖原来的字符。系统默认为插入状态。

（12）删除键（Delete）：删除当前光标所在位置的字符，同时光标后面的字符依次前移一个字符位置。

（13）光标归首键（Home）：快速移动光标至当前编辑行的行首。

（14）光标归尾键（End）：快速移动光标至当前编辑行的行尾。

（15）上翻页键（Page Up）：光标快速上移一页，所在列不变。

（16）下翻页键（Page Down）：光标快速下移一页，所在列不变。

Page Up 和 Page Down 这两个键统称为翻页键。

（17）光标左移键（←）：光标左移一个字符位置。

（18）光标右移键（→）：光标右移一个字符位置。

（19）光标上移键（↑）：光标上移一行，所在列不变。

（20）光标下移键（↓）：光标下移一行，所在列不变。

上述←、↑、↓和→这四个键，统称为方向键或光标移动键。

（21）屏幕硬复制键（PrintScreen）：当和【Shift】键配合使用时，把屏幕当前的显示信息输出到打印机。

（22）屏幕锁定键（Scroll Lock）：其功能是使屏幕暂停（锁定）/继续显示信息。当锁定有效时，键盘中的 Scroll Lock 指示灯亮，否则此指示灯灭。

（23）暂停键/中断键（Pause/Break）：单独使用时是暂停键（Pause），其功能是暂停屏幕显示输出。当和【Ctrl】键配合使用时是中断键（Break），其功能是强制中止当前程序运行。

（24）数字锁定键（NumLock）：按下该键，键盘上的"NumLock"灯亮，此时按小键盘上的数字键可输入数字。再按一次"NumLock"键，该指示灯灭，数字键作为光标移动键使用。故数字锁定键又称"数字/光标移动"转换键。

（25）插入键（Ins）：即【Insert】键。

（26）删除键（Del）：即【Delete】键。

（27）常用组合控制键

组合控制键由控制键（Ctrl 或 Alt）与其他键组合而成，其功能是对计算机产生特定的作用。举例如下。

（1）Ctrl+Alt+Del：重新启动系统（常称为热启动）。

（2）Shift+PrintScreen：打印屏幕显示的全部内容。

（3）Ctrl+PrintScreen：同时显示并打印屏幕的内容。

【知识拓展】

大多数键盘的 F、J 键的键面有一点不同于其余各键：触摸时，这两个键的键面均有一道明显的微凸的横杠，这对盲打找键位很有用。这样，十指分工，包键到指，各司其职，实践证明能有效提高击键的准确性并提高速度。

先练习基本键 ASDF 及 JKL;，再加上 E、I 键，接着补齐基本行的 G、H 键，然后再依次加上 R、T、U、Y 键→ .,>< 键 → W、Q、M、N 键→ C、X、Z、? 键进行练习。

【提示】

练习时始终记住一点：必须将视线离开键盘，只能凭记忆和手指的感觉进行击键练习。如果确实不能使击键后的手指归位，可停下来重新归位后再开始练习，切勿边打边用眼睛帮助手指找键位。如此有始有终，就会掌握"盲打"的本领。

技能 2.1　英文指法训练

【训练指导】

- 基本键位字母输入
- 食指字母的输入
- 中指字母的输入
- 无名指字母的输入
- 小拇指字母的输入

【训练目标】　通过本训练，掌握英文字母的盲打输入技能。

同步训练 2.1.1　基本键位字母的录入

【任务介绍】　实现英文基本键位字母的盲打录入。

【任务要求】

（1）指法正确，盲打；

（2）输入要求 100% 正确，做到先准确录入再提速，不能急于求成。

【训练内容】　基本键位 A、S、D、F 及 J、K、L；字母及符号的键位录入。

1. 练习 1

```
FFLD;FLJJAKFSFFJJF;FAF;;;F;F;KDFSKDLJDKD;LAKDSFASKFDA
FLSDSFAA;DASLD;FJSLKFJSLJ;KFKF;;J;FKKSDLLLAK;SDASL;SJ;
;FSFASALJJLDSSDAJFJDA;SDAJFSS;SSAASDDKLFLADFKSSLKFJ
DFALAL;L;FSJSDLASSADS;FSFSDKDAJAAJSSLJA;KA;DAKAFFAL;
F;AL;KASKLDJFKA;KLJKSDKKFK;;FFLJ;S;JJFDSKSLJS;LJ;DDKKJ
ASD;DFD;;FSDK;FFSDKL;;AFKFJLL;;SKFL;L;DJAFSDKLKALK;SL
KDSSSKAD;AFDJK;FFA;;LJFSDJFLLDKKFDJFSAKL;SA;LFSDFJFF
L;SJLLSF;AAJLAAAJ;DK;ALFSAAKJADKJLL;AKLDKSD;FLLJLAF
KAS;JJAJLFFAFAKJFASLJDL;FJS;FJD;D;KJLADK;KLAJD;SKAJLD
DKLF;DDFK;AF;AJ;AK;ADLFFSFDLDDSKJJALFAJ;;LDDSSDFA;LF
LFSFJJASFLJJASALDLASJDKSJLAFSDAFDKDAS;FFJJFJFD;LFDKJ
```

SDADL;FLJLLALAJSFLSLS;LFFDKJKK;DSASJAS;LDADSD;AJL;DD
;;J;LKKSSLF;K;LJDSSFD;LDSKKJLFASJFSAJFSDJLDFSSLJSDAKJ
KLS;LLJLALAFSKLSFL;AL;SAL;AFAJSFFFAKDAJFLASJKSFFKAK;
LSLA;LAFJDALLDKDA;J;FLLKF;SDLF;KFJFDKFDKDLKKLSDKJF;
F;LFKFD;LDKJJASSDJJFFJS;LDAKLJF;FFJLKDDKFSLJJKJLAAKD
AKDDDKKKDL;JLKFDADAASJDKKSAJF;SS;KDA;KADFAAJLAJJLS
JDLJ;SSF;DJDSA;DK;FDSD;DALLAKSDD;DS;AAASSFJSDAJK;KKJ
L;JS;;KKFDSAFASLKLLSSJD;JKK;KLF;SAJJJSLFFJJKKFDJAJDDDJ
;LFKAAAALFD;LFKKSJALSDALLDLKKAL;;DJJ;KF;;KFF;DDFAFFK
KKDSFFJ;;ADDDLKSJSD;KKKFKFSKFA;JFSSJDD;ASSJJ;SKJAKFD
AKKLDDASSDLLFJ;KFFA;F;L;ADSSJAKLL;DSLKKKSSSSLJKA;SSF
KKKJAJDALSJDLJLDFSSJJKFJ;LDSJFJDF;LFDDFS;JDFFDSKSFLFA
DFAFLAKLKLSKLF;SLJAJDDJKLFKKK;SKLSDFDAA;K;LL;JKLKAJ
L;KJSS;JDK;LDASKSFJKSSLDJSAJLDLJ;FAKJLKJAFJS;AKLSSF;F
DK;;KD;SFSKJAKSK;JAKKAJAFFLFDJALDDKD;FKL;SSLKJJJLA;SJ
KL;AJSK;FALASLA;DJJK;;;LDALA;DDLFD;SKKFJKADSJLFLASKA
FDKJSKAK;J;LKD;AAK;FJA;;KSFF;JKKD;;S;KFL;JDSKSSJSKLLS;J
J;LLSSDAL;S;JLJFLJKK;LKLFSJJD;;LJJDS;SFJFDFLLSFKJK;SA;;J;
AJ;;DJLDJDJS;D;LAK;JS;SADJSL;LDSJLDSSLK;;AFDKAK;ALKKJ;
ALJJLKLFAK;DDJJDSJ;;JFLSDSASKDDDSJ;F;KDFJKKD;JSSDLA;A
SFJDF;FFJFDFALDAKJFAFKSJJSF;F;DFDDAD;L;ADSLKFJL;D;;JLD
K;FFSJLLSFSKLDJKK;SFFKJFKLSLKDDLFDFDFJKJJ;KJ;JSKS;SFJ
KSA;;SJ;SLSKJFJJFAAJK;;LFA;AS;AJDJFSFDKJLSDLDLLL;DKKJK
LJAAAJKKAJLLSAFJALKKDAJA;ALDLLKLJKADFKAJADFJKDFLK
DADKFK;A;SASJKADLFKJA;JA;A;KFAALDSDJKKD;D;D;FDLSKFK
AA;FKDFLKKJFF;S;JJLKJADKS;DDAL;FAAF;ASFAFL;SSS;JDAKJA
FDL;SASLAASALFDAFSJJSLFSSAAJKDKD;FDAFDFDSKJ;;LLDK;F
AKAA;

2. 练习2

;KJK;DSDSAS;SJDKK;SAALDDFSKJA;SDDAFJF;KSASKFS;
SS;FKKDSFKSL;;LSJAFDJLSJKFF;;ADKDAJ;LSSJFLKSLSD
ASLFFFFDADFLFFDJKSJSFKKKDJKSSFFL;DA;KJFLKKFFJJ
FSDDSLKJAKDKJSLS;FSLJAJDJFSAKSDKAFKDJALAJ;DAL

AJFKL;;;KDSD;KJ;SSJA;;DKJDFASASSDS;AA;JSL;DSFKLJ
KSAJ;D;SFDDS;;KFLKDDSDK;FKKLLL;;SLDSFJJAFKJFKL;
FKFADAKSJLLKADDFFAAK;;KDAF;FDLKFFLFFLFLJ;DAKS
A;KLKLFFFSA;SSLJJSLFL;AADDLALKLLSDDF;KL;FKFASS
KKJDLLKKJDKAJJDF;DJ;;JAJFF;LKJA;SF;LKJKDKLKLFJAAAJDAJ
LSFFDJD;SKSKFD;AKD;LKDJJJKSLKA;DKJKLALLSAJD;;DLDSAD
A;SKFDFAADKAAJKALA;AFJK;SJAA;AJDLJSKSSSKJSKLKADAFJF
FKKFSF;SJJSKLSFLJSAKLD;KSJ;K;JLDDSKL;KAFALDJFAFADJDL
AJS;FK;DKLASKAFKSA;JLJJS;;LL;KK;SKFJSLLSAS;;JKKKAFS;DF
JKS;LL;S;S;L;ADDFK;KL;KDDKFKKAAFLKKJK;KS;AD;AKADSDLF
LDDKLJLKFDDDADSJSA;JL;DJ;FKJ;ADF;JSSSKLKF;SAD;;DAJL;FJ
J;DDKKJKSKLD;DKLSKDJ;JLKJLDJKLJDLFK;;JDKLKLFSFAAFDD
SKLJ;LLAAFADASFDL;K;FSDD;A;F;LALSKDFDASJLKDS;DKLA;A
F;FLFAJF;;D;FDAAAJ;ASSD;SKDJLD;JSSF;FJSSSK;A;AKSJLFFKFL
LA;;KKKK;JAAFDKJDDKAJJLSS;;DF;;A;DSJSK;ALJFJL;JDAJSDAF
F;;DJKLFDLK;FSAD;;JLAJDD;SA;SSJKL;LKFSFKDDA;;LDLLKDL;
SJSA;LALJ;DFJSAAKSAKLSD;SSK;L;DDSDA;FA;;;ALSAKAADJLD
DFALFJ;KA;KDAKLA;DJDDJSK;L;LL;JD;DFDFSF;JK;LS;ALJDLSFF
F;J;AAAKFLLJJAJDL;LAKDF;A;AFLDAFLF;DDL;AKLJLKJ;FALDD
SJJ;LDKFDJSFKKFD;SSJAFKD;JL;KLDLSFADJ;JSLFJJSS;JAFKKLJ
A;LA;JLSJ;LFFKALJKFALLSLDFDJSKDDSSLLKLFKFKADJLFDFFF
SFFFDAAJSLALF;D;JLAFDKJSAJJLDSK;AJFKLSJ;ADJK;A;FSKAJS
S;KSLD;J;LFJD;KD;SD;;FLKKFLKJL;LJDLJSKFJJFSLA;DSDLKADL
JSJAKJFAFSDLJ;LSJLALFSJDFJJ;LKLF;KSSSJFSDJSAF;SDFLK;JS
ALLA;;JDJKSAJKSKSASD;KFLS;SLSAJDJDLJKJFAKJASKLAKFD;F
LFL;LJJAKFASAAJ;FKSSLFKA;FJFAJFAJA;SLJLDKAK;KA;LFA;DF
D;JLLFS;A;FSLDDJ;DAKSJFLJSDF;FJSDLADSDDFFLLKSASDFFKJ
FLLF;;DJFJSKADDLLJSS;LFSDKLALKAKFLLDALFLJF;LLJASFJDK
J;;FJDFFK;FKAKLDFADLSFSSLAFKJSF;KSF;FDKJAAD;FKSAJJJSL
JKDKLFSSAJSFK;LJAJFJSJSA;AKJDDSSAFFDKJLAAJD;SDSA;SAL
FKF;SDFAF;JAL;SJLSK;L;J;D;SFJALLJFJALJ;AKDAAK;KAK;JJDK
DKDLSD;FKLDDDJFLJF;;SKJ;SJKKDLLKDKFDSKJAFAKKKAALFJS
L;SFFKLJF;LJFKFFSKSDJJ;DASKALFSFFDAAKKSDSDFJSLJAJSJL
FSKKSDKKFJSLFKDFLSAKDD;DJDLF;KFDFFK;FDDSAJFFLASAFA

DFJLDFDALAS;;AA;DAJAJJ;DJFJJASJ;LSS;DALASSJL;S;JKFFA;L

同步训练 2.1.2　食指键位字母的录入

【任务介绍】 实现英文指法食指键位字母的盲打录入。

【任务要求】

（1）指法正确，盲打；

（2）输入要求 100% 正确，做到先准确录入再提速，不能急于求成。

【训练内容】 FGHJRTYUVBNM 字母的键位录入。

1. 练习 1

VVBGUHMVFRYYBNMMTVHVJRYFFGFUVTHBYRHGJNUYMUUYF
RGGYBYNFHJGFGBHNUVFHBFHJHBYYGFNYRMMJYBGJHYNGRY
BTGJBRTVTUVYFGYUMMFRTJNFMJJTBFJVUMVFHMYJTMVRMRG
MUYGVFGURJHFMFVYVHFHFNRJJYRBYTJFVBVTBGTTHGJTYRJV
NUVRNJJUYHHGFGFTRFHYVJJHYBFHFFTMBMJGNRBTBTNTHUF
GYGMHVJJRFGFHNRUNGUMMFYBHYFMNGVUHTBMJFGGTGFTTH
YVUJNBBTMRFFFYTTVVHFFRTTJNHFFTJHNGVVUHRHHJTUMGR
MUBJJVRGGMGHBTMVJFTVUUTUBHGYVTGFHGTFVVUGYGRYTH
TVBNRBNNBHYYRMMBJNTRRRGHUFTMUTTNUHBVTHMNVYMY
VJNGGJFNGGNTMBUNGBFBRUNHVHRRRMNBHGFYJBNMVYNHM
UTBTFJRVBNNTTHFVUNBVGNYMJMFRYHYJYYTGRNNUVYUMJG
UBFJMFMUYBYUYHRNJVUMVFTVGYTFGGTUGHFNTVTTVVGRNR
JHGNRBHMVRFVHUTBYNMVUFTNBHMRJHYBRUGGBVGJRVMVN
GBFHRRYFGHFNJMNHJFHHVVJMBTHNJMNMBRGYUJMHYJJRRTF
HNRNFBFNUBYGVBNVBGYRTUGHJNTVHBNNBFBGHJYFURFHHR
NFMHUVRTNHUYTBYMTVFGYTMMMTHUTYHBHBGGNMMFFHNU
TMVHTJFVGBBJYJTRFFRJUTYMMBNHMGFMHJFGFHRYFJHYMFN
JBNYVTRGTUNTJHRNVBYBTHFYMTMNGBHFRBTFTTFMYHJYJVR
MYTRJNHNNHJNFJMHNBVHGRBMHHYMFHTUNGGYRVNTHUTJJJ
BTYRNTFHBRRFBYUVNTTYNGHTTBRUURRNMTVNFRMJGMVNN
GNMNJFGHGHVJUVMGRGBMBVHNYHMJJRHGTNMGHBHMFGNMN
MGVRNYNYJUBHTUNYYFMNRJUFFMNJMTTTTJBBJNFNUMNTJFR
GMRNYGNUBGUTYBVNFMFGYTFHRUVUNRJUBVBYYMUFUFMF
BFJUGNUMMTBTRUMNVJUFUVBRGUJBJTYMBBHHRHGGYVJTJV

RMYRUGNTNJVBTJMMNUHNYRVGYMVJFBBRYFTTVYTFNNUYM
MHJJHMJFVUYUMGHYYRMBMUYYJYJVJNVBBRGUFJRUMFHGHN
GVJFBGVNHTYJTTMBGYJTGYYMVFUFBHRRMBFFRNTTGUNNGHJ
NTHBGURUJNRJNHVTBRUJVFGNUVGBNNMGUVNBRBGGNRFNHJ
UUMHYGRRUUFYVRVTBJJJYNUNBTHBUTHNFVGGMUYYRJMFGN
FFFMBJMUBNTNRYURBYNTMRTGJJYFVVMHTJUMTBFTBVGGMF
URYFJRHFFMRUBHUNVVBJHBBFTBTHTVMFUUYVYBBYNYBURU
UHNNUBBGVTGJMYYVUNVRRNFBYJTHRTHYVJVYNBMHJVMBNH
RUVHRVVYVGBRRTHRTYJTNHVBTMFJNYYJGHNBVTBUFTUVM
VJFGYJRMUBJVRTNVHGHTRMBGRHGRVNGBJUBBRHHMFFUJMU
MGYGRUNNFNYMGRUTYJFMRBBGGGMGJVNFUGBBFHVVYRGUN
JMFUGRGGBMRTVJRJMVVVYHYBNYYUTNUHGBMYVNUJFVVTY
UTUHMJFYRTYMFNYUMUYBUVRHMVGNURGYGBGVJYJYTMHMT
BVTUVRBGRVBGRYRTTGFHUMRVUTVFNNMBYMJTVGMMBBYUY
HHBUJTRFHVYYVNUVRVTYRYJVUURHUJVGHFMUUFHTFRMGHG
GJUVURRMYVTNRBFJVNNRUJRFUMFNTNJUGRJRRFFMTUVUUMJ
HHJMTUUYBVYJFVHJGBUUJGJRUBHMMRVVVNRFBVMVNUVRJF
UFRMRYHMHBGFBHJBBGYYGRBUJGJGUHJJHUYBYJBTUTRMTJT
YHGGFFRRJHTYYHURRVYRBUHFMJNMJTFVJMUFUNRNUMTNBB
RFTMYJMTGGGJTGVNNRNGBFFG

2. 练习 2

NVJHBTHJHYUTURGRUMBVVRYHNHVGHYFBVBHYVHURJTMVY
NMHYHBRJYTRJYGUJBTNGNJUHMJHHBGTHFNJNJYMYUGHYJGU
RBBJVYNFYVRUYUMYMTFYTVRGFFTMHTVUYTTRNVRFNYMNFJ
NHJYUUGMVNYFVBJYFTFTRNGTHRBFHUJUVVFRJUHRGUTHFGY
UJMFFBJNRFUHHYFFVBRMGHGUHTGVURJMHVRTUGFBUNNRMU
UUVGYVGNGVVHYTJVMMMTUMGYTJNTBRHHNYMRNBUYBRTJV
TNMBHVJBUBUVVTRVRTYJNYJBVHTFGNYURYRMVMNMNBBTU
YGGJUYNFTFYURMUVBRFRVRNNRJTBUMYUVMGFJYNBNJTRTTF
UJRGFYFHNRMHMBMGNYVYTTBNRBGUBMGRNNVBMUGUHRNH
NBNHGBUBNYNRYNTGFRBTTFYNTVYJJHUFMFFNVTHJMFUBTHN
HNNMYVVUGGTBVYTMHBUJFGRRFUFFRVMYMFMBVMVVVFUFY
NMBNJUJVYMTVNTRBFRHFMGGJFMGFGYHTVGFMGTNRMBMUR

GJTMGYRFMYNYBNBVFGMTNVYRFBFNJBVNRMMFNFJGRGMFM
HJFFTMBNYRHHMJTTMFGMNVYMNVRFVNMJHGGVBJJMMGUUTJ
HJFBTTBNNGRBYTNMBRTNHNHHRYYBTGGGJRFJUHYJTJMGMRY
TBVBMGBFBBHFTNYBVJVNGYHJGUTTBNYYFGVUFYVBNGUFHG
JBNYMJVNBTBGRHBRRVGNFBTGTJNFNJNGHNNBBJGUGGMHJYH
JTNUNRHHBMVURUNGFHGBFVHHYBFRGUHBHMRBJVRHURUMV
UJJBVUUMFUVRFYVRTFHVBGUHUGMJTYYYJRYBMJHFHUBMBM
HVGBGNVGMUTFTYJNRVMJVBYMFNJJNYMUGNTFJNGMNYVFHV
HTRFTMRJFNGBHYJVBUTRMGGFBTYTJJMGUNYYGJNUYGRVFMH
JBJGHHVYGFNHYNRVVRHRYHFFTRJHJYRMGHMMVVGRJVGTNY
YRYGRNRHVUJFYFHYVVJRVYGTHUHMYUFBBNNBHTHBYYFYRH
FFUFFMHUHFJGFMYMNTUMYVGHTGGNTYJUMJURGJBYBGUMBN
HHFVVNFTNHTHJFJMRBJNYJHJYJGMYJBVHHGNUBUFBRRUBUU
GTFYVFTBHNUMGVBYUFMJBYNBHMURJMVGFMMGYUUBYNHM
YMYHURYGVRBJBUUHYJJFMJJJRHTFGRGUHUTGBYFNBVYVJJJV
BYUFJYFFHUHVFRBHRMVTFGNYJFNJGYRNMTMGVYGTRRBMYG
UGTVHFRTVBBBGFMTVVNBVGHGUVGJHTJRRUJJBGBBMTYRMHJ
VHYJUTGFHJYRURHRFFGJBTFVNVNJFBNTJTMNBRRVJMFUURUG
UYGFVJTVHBUJUTYRFNNUJFBMUTFUTBYHYBFYUNMYVTHBTH
MHHJNVYNYVJUJMGNUNHNNUUMUVGHNFHMNFRNBGNHBHGFF
UUVRHTFFJNFRMNTVNUMFJUGUMHMJRGRMBRTYGUHYJGGNUH
MHBTVVMBGNGTFRBMGVHGHTUBYNYTYTFFJRFTJRBVRYYUGM
BFBVTUGYNFMRFHJJRBGHHUYTBNFNTTRHRUTJGUJJVVVHUUT
NVRTTTNTVNGMBFNTUUGRRBVFGTNUGBBUVRMTNHGGVRBRJF
BJJUNFRHFTMHYMUGUURFVUJVYMHNVHJJRRMTTHTFMBGNJU
GMVRJUMRGTFRMMHTNTBJUTJNUTRMGMJFFYMNVVGMVUFUN
TJRRGMVUTUUUVTFNTHGBJRGGNGYNGFVGNJBYTBJJNTNBHHR
MYJVUNRBRTFFNUUNMVMVMJVUBGFVYFHBGHTMURTVMTHVB
BYTVVGTHFJVNBVBJMRGRYRJNMRFUYTYBHRYHMHRYJGTVBM
YRBRRFMYYHJHFFVBYRNRBYMTTFYNGJTVGTRHRTGBTMHTYR
NUGTJVBBFMJNMTHYVHVURFURJYNGVFHJRRMVTRJBTUBRFM
MYRRMUYHRBMJGNTFFTMT

同步训练 2.1.3 中指键位字母的录入

【任务介绍】 实现英文指法中指键位字母的盲打录入。

【任务要求】

（1）指法正确，盲打；

（2）输入要求 100% 正确，做到先准确录入再提速，不能急于求成。

【训练内容】 E、D、C、I、K，字母及符号的键位录入。

1. 练习 1

DDEIED,,KDEEICI,CI,EDDDEICEDCE,CCDDEKEKCCKEDDIKEIEDI
D,DIICD,CCEED,DCKDCKCIDK,CIEEKKK,KIKKC,DDEIEKCCDEDI
CD,D,IECKD,,K,CCD,IIEK,I,,DI,I,CCDIICEIIICEKCE,CI,KC,DI,EC
EECECEEKDE,C,,KIICK,DK,I,,IIDK,IDII,KDIDEED,,KEC,,EK,KID,
K,IICK,IEKEEEECECED,EDD,CDDK,CIDKCDK,,ICIDD,,DIDI,D,E,K
C,IKKIICDKIKKE,I,KKCDKE,DKKEDKECKII,KE,DDEDICC,EIECK
KCKEIDCKDI,IKEEDKIED,KKKKEICIDDDCKECICKEEIKKIECCI,I
CCCKKEDE,,DKIEIDKIIKE,KCECCDDDECEE,KE,KI,II,DIIDEC,CE
DDIKIICIDKIIE,CE,CC,C,C,KCCCDKK,EECKDKCECDKEEK,,IDEEI
,KI,,ECKCDE,ICCCDEK,IC,K,EDDIKDCKKE,EKEDC,KECCEEKI,CII
CI,DIEE,CIKCDC,D,KCIC,EIK,CI,CEIDKEKI,,KCEC,C,DKDKIDDI,
DKKIKEKCEKKDDEEIEKIDECECEC,,,DCCCEDIK,DEIKIDCIK,CEK
CEECEEE,DDDIKDE,KIEEE,,DIEEKC,,,DDE,ICDIDEDK,KIEI,,IDDK
,DKECIID,EI,DI,KEK,KE,CI,CDK,KKEDCKCE,CKE,CIECCK,EIICCE
EC,CK,CKIK,,CCEKI,K,,,CII,E,D,KECECE,ICCDKD,CI,IDEIE,,EED
CIDD,DIDDDEKCC,DCKC,EKIIKIKEE,IKCCEKIEK,,CD,K,EKDCK,I,
CDEC,ECIDDI,EI,,CI,CDEIE,,K,EE,IEIEDICCKEIDICKEEEIDKCID
DECEECDCE,EDIIDCEI,I,D,IKKEIDCCCC,,D,,,DEEC,ID,EIDDDDEK
DEC,,,KICCC,II,K,DEK,KC,E,DK,ED,EKDK,C,KIICKC,CEECID,CK
CC,EDKC,,,IIKDDKCCE,KCCCIICCCEIIIII,,CCEKDDIECIKIDKKEC
EIDICEKCEIC,ICI,,,DCDDIICEKIKD,K,KKEDEECK,KIIDKDKDCDC
IE,CKD,ECKI,DCD,,,II,DE,DCIKCIKIKK,,,D,CKIEKDK,DK,KD,,ICE
DIKDCCDCI,E,,,,DICIKK,KI,,KK,KICE,DC,EEDIK,DDICKI,,KDCDE
EIKCDECDKDK,KCCIEKI,,DKEEIDIEIIDKICDDEICCDIICIIDKI,DII
CCDICKCDCCE,,DKDKCDKCKCD,,KKCEECCCI,I,I,DECEEDI,KIII,

KIDICCID,,,EEKDI,D,C,IDDKDD,,CD,IDKCEICI,EKKI,C,EIDC,C,K
EID,,,,IICEDDKEEIDCDICKDDEEKDE,IICCKCICKCCKDECKI,D,EI
CICDED,,IIECCCEDIKE,KCEDCE,KIIIDKEKDECKDKIIDKKECEKIE
ID,IEIEKDDI,,IDDDCCD,DE,KKKKEKDICDECIEIKDIE,EDIDKEI,,I,
D,,DDCKIKKDIDKEICEIEDDKI,,C,KKCEID,,ECEII,DDK,,EDEKDEE
CED,EE,IEKKEKIDKEK,E,KEKKD,CEE,,EIDIIKDCEKK,KIKCC,IDD
CDCEDEIECE,EIDCCKIIEEC,ECC,DK,EIICKKDDECDEDCCEECI,KK
KD,D,KEIIEKCI,KDDICCKEEEEDDKCECIC,CECKIDKCCIDDECCD
D,EK,IKCEDIEICCKEDCEKDCKCIKD,DCEDEE,EIEKDEIC,DKKED,
KDIKDDCC,ICDDKCKEIKDCC,,DCIKDCDCDIKCDCCCIDKECCCK,,
DK,ECDD,IC,KCIDCIE,IEEEEDI,,CCDCICIKDECCKIKICCDICEEKD
KIKEKEEICIK,EKKIKCCK,CKED,CDECIKDDICDCIIKCKCEKK,K,I,
,DICDCDKIICECK

2. 练习2

DCEID,CKIKDECEDCI,EKCII,EICDEDKIEKC,EICCIKD,DEKEED,EI
CDIDCKDKDKCIEKKCCKK,KKIK,,DKIKDIEIDDDKEEIE,DC,DIEED
CDCCCII,KKDDCCCC,C,,DDECEEIK,KDKE,CCI,IKIDCKIDEIEEDK
EECDKEEKE,,KID,K,,KD,KD,DCDKCC,,ECKDECCD,,KICCKCE,,EC
KIK,,IDCDKCEDCEDKCICKKCDDIDCE,CDCDDEI,KDKCICDKIC,,D
CCEC,CDEKIC,EEDI,DD,CK,,,,CKEDDDEIDKD,IEIDECC,IEEKEIEI
EEIDKCCDDIE,EC,DICCDKDEIIKIKEIKEEDDD,EEDIICII,IKD,IKEE
KD,D,,DIEKKDEKDDCD,,DEIK,D,DDDCKC,CIIKDED,,ECKCDIDI,E
KDCIKCECD,C,C,EE,DDECDCECKCC,CK,DDEKDEKKCIE,EKD,,D,
CCDCE,,IEIEKKCCI,CEIIECDDC,CDEIE,CI,,CI,CDDDCCKKD,EEEK
CIDDIIE,KIEI,IDKDIKE,EII,DKCKCECICC,CDDCEC,KCE,IKCCI,EK
,EDDKKCIKECCDICCCCECCIECIIE,DEICCE,,DEICKE,IEKEIIEK,D
C,EEKEDCCIIKICCDDE,K,K,CE,IE,DED,EIDKKEDC,ECDKE,KIIC,K
C,IEIIDDICCI,D,KCIC,EKEECI,,C,EIDCCEKKCKDDEECIDCEDEEKI
DCCCKDDDKKIKCDEKC,CEKDKCEDEIIKCICD,EE,KIK,,DDIII,,ED
ICD,,CDKKCKDIIIEE,D,KCKKK,KIDK,,CE,,CDKCKDI,CDKICDCE,I
,IIKCCCI,I,IKEDIC,DIIEDEK,KDKIEDDDECEIEDIE,K,EI,DCDEIE,E
ED,ECDKEECCKKK,,ICCKDIII,,,EKCEKI,I,EKECKEEKDK,K,,CCK,
ECIEEKDK,ECI,E,I,IKKCKEC,DIKEDICCEID,,CI,,E,ID,,DCED,DKK

I,KCDCKK,KCC,IKKIDCCCCED,DC,DKDD,CCDEDCIDDDC,DICC,,K
DEEICI,DIEDDCCKKKIDIE,CII,E,DKCE,DCIECKDIECCICI,,DIIDCE
ECKDCECEDIIICKIIECIKCIIIIIDKIED,ECD,,,DKDE,E,KIDIKIEE,,E
DKEKC,CD,,KKKK,EI,CCKDDCIII,,ICEECIKC,KCDKEKCDCCIIIIK
KKEKCCDC,KII,IIKEKKKIC,K,CE,EI,EEEK,DE,EEEEEKCDDKIII,E
CCCI,CIIE,CICDK,,,,DDDDDCK,ICEECKIKKKIEKDDECIIKCEE,CC
K,DE,,CEK,DDIKEK,I,CDDIC,DKEIIKICDK,IEEC,,,,DKCIC,CDIE,E
DIDD,,DDKIEEEECKI,KIIKEDK,,DKCECDDCCKCEIDDKE,K,EK,I,I
K,CIE,KKDCK,DK,,EEKD,,,KDICDE,CC,I,IEKEKCDCKICKKKIDD,E
IIDID,IDI,EDIKDDDCIIIIEI,,ECDEI,K,CD,KKDCCIIC,,KDICCICEE
DKCE,DIKE,CIDCIDE,DECKDCCCIEIIK,,IK,DC,DIK,DCD,,D,IEEIK
EK,KKI,C,IE,I,DIDKEDKCCDDK,KCICDICEICKIK,,E,ECICKEIDIEC
KKKDIKI,KDEIK,EDKIDIEKEKD,IDKDE,CCIDK,CKD,KKD,DIK,,CI
DDEEK,,,,DECEICEEIIDKDKCC,E,I,DKE,KDEE,,,DKDKIEEKEK,DC
,KEKEKDDED,EECKECKIC,CCDKKID,DICECCEKDIECE,IICI,KE,IK
KIDCCCKICCDIEKDIIDCEI,ECKECEK,KCIEC,DCE,CCCKIII,,EICEI
CEE,CEDEEKKEID,DEI,CEKIEI,CK,IICIEIKKCKD,ID,CDD,EI,CKCI
IIICCKEI,IKKIKDEEDEEIED,IEIID,ECKK,D,,C,KD,EDEECDK,CKC
CI,KKIDICK,

同步训练 2.1.4 无名指键位字母的录入

【任务介绍】 实现英文指法无名指键位字母的盲打录入。

【任务要求】

（1）指法正确，盲打；

（2）输入要求100%正确，做到先准确录入再提速，不能急于求成。

【训练内容】 W、S、X、O、L、.字母及符号的键位录入。

1. 练习1

XXWSOSOXSWOXWWXL.WXLXOL.WSOOOO.XOO.L.LX.WWL.LSS
WXLL.SW..WOXXO.LWS.LOO.XOWWOO.SOXSWOOSS.WX.XL.LXS
S..WXWLXOL.LXXSWSLOSXSWXWWWXL.LOLLLLO.WSWXOLXSL
SOLS.XXSSXWX..XOLWLSWWLOS.O.XWO.S.L.LOOOXLOX.XOWX.
LLO.OSXWXXSXXS..OOSWXOXS.XLSSLLOOWSOLLXLLWLOSL.LS
W.XWOXOSLLXSWWOLWXOSLSO..XX.XSXSW..WSLSXOWOLOOX

SSS.W...XOWSWSXLWSOWSXWXXW.SXXOS.SLWSW.W.SWOXWLO
SOWWLS.XO.SSS.OWLXW.OLXXO.LO.XLOLOWSLWSSXSO..LOLSS
LXOWXWOLWX.XOXWWLL.O.X.WWWXXOOWOXL.LWW.SWL.WW
SX.XXSLLXLWXLSSWXW..WX.W.OXXLSLLS.W.W.XOXLL.WOLSW.
WXSSSS.LXL...WLXXWSSLXXS.SX..OSSOWWLWWWWXLSSSL..
XO.XXXO.W.X.XOSOXX.OOWLXSSOSX.LLLLOOOL..SW.OLOWOW
LL.SW.OSLWWLO.X.XL.WSSXLXSWLLOLLSSWXXWWLOS..LL.WW
.OSLWL..LO.SXSS.XOO.LSOLWXLS.XOWSO.OSXWSSX.SSOL.OOX
.LLOLXOWSWLL.XSX.XLXXLOOLW...LXWWLOSX.WLL.LSLL.LLL
L.LX.S.OOLWWWLWXXSSWSX.O.SWLSOWWL..WSOOWOSSLLSW
WWLLWWSSS.S..XSXSL.WL.X..SOWOSWXOX.SS.X.X.SXS.O..XOL
LWWOS..W..XWXXWWWLSSSLWWLWXW.WXW.OWLOXL.SW.OSS
L.W.LWSL.LXO..X.SX..SSLOO.SLXWWLLXXOXXXXWOSW..SWSW
WLLOLWWLL.OOXOOXWXXSOOWLW.L.O..SXWLXXXSSXXWOX..
SXXOWOSOSSOOSSLSWOOO..XLSOOLWSL.SLOWSWOWSO.XS..W
WSX.WLO..LXSS.SOXOX.SXLXOOWWOXL..SXXXXXWXX..X.SWS.
O..WWWLW.LSWLLSW..WOLOWXX.XOOSO..SWOWWOWS..LWXLS
LLWS.OOLOWS.X..LWWSL.LSWO.OOSWXWS.O.WSLL.X.SLL.OXL
WLLSWOXLOXWLOSOWOOSXLO..SWO.WW.O.OWXLLLOXXLXS.W
SSOOWSSS.WXOSX.SSOL..O.LXSLXXOWXSLOLXOXLXSO.LW.LO
XLWLOWSSWXOWLO.LSSOSW.XWWOL.WSLSOXSSSLS.O.XSX.SO
WOL..XOXOWOXXLO.W.OLXXW.WSSXLSLWSOXL.O.WXLL.OWSS
W.WLSSWWSSSS.LOWW.SO.XXOWWXLOWOWOLXL..OSXSXLLOW
LOO.WLSWWSWXSXOSOOWSOS.XOLLSL.SOSWL.SLXLWXOLLXO
OOW.XXXLOL.WS.LSO.O.XWXWXXSO.XS.XX.O.LSWXWSXXLLSO
OLXXXLWLOLOOXWSOSSOXL.XXSOS.OXLWWLSOXLSSOLOSOSL
OWSSSSXXOXO.XXLLWLWWSLSWXX.SSOL.WLWLOLWOSLLXS.O
L.WL.SWSLXWXWXWX...LWSS.XXWLOXLXO.WWXXXLWLLOO.X
L..XLLOL.OOXWS.OWOLWS..WOXWLOL..SO.WXXXLLLW.LWXWX
OS.XSSXO.WXO.OS.SLS.OWWSOSXW..LSLS.WSXSWSWXL.S.LL.L
SXS.LL.X.OW.OSW.LOLLOWXLWWLLWWXWLO.LXSWLWXXL.LSO
WOXSLXWXOOXWWXWOOS.O.L.WXL.WSOOSWXX.XXW.LWW..X.
OSSOLLOOLWW.SSOW.XXXSSOOOO.WOWOO..LX.OXWO.XX.SLX.
XX.WL..SSXSSSOXOS.WXWOW..XWXWLXSOLOXOSWWLWX.WXX

XWWSOSLLLOSOW.S..OSOL.L.O.LSOLXLWS.O.OOSOWXOWXLXX
XXWSLSXXXOSX.S.

2. 练习2

S.OLWS.W..WS.X.WLWO..WWXOWXW.LSSLXOX.XS.LSLLXLOSOW
LSOWWXOWSS.LXW..WLLXXW.WSOWSLXO.WW.OWXWX.WSOXS
SLOS.WSOSXOOLOO.WWSOOWOWS.XSLSSL.XWXLWOLSLOLLX.
XWOSXXWWSXXXSWO.SO..XLOSOXXOSXSLLWSWSOWOXSWWLS
SXSLSSWW.SLWLO.SOXSSLLLO.O.LXLWWXOOLWLXSSSSLOXXW
LSSLOXL.OLXWWWW.W.X.X.X...SWWX.LOOXSO.WWSOLS.X.W
OX.XOO.OXWWSLX..S.SS.SOXWLX.XLLSOXL.OWXOXSOXLXLOW
LX..WWSLLWWSOSLXSXW.OOLWW.LS.OWSX.XOX.XWWOSOSWO
LOLOLXXXSLXX.X.X.L.OWXOOXLW.OLLSWWOXS.WW.LWWO.X.
OWXWSOOLXLOSOLXSLLXOSLL.W.WS.XSWXSSXSWXWLWSSLXS
.X.LXXSSOXOSOXXOLX.O.SSSOSXLOXX.OSL.OWOOOLWXXXSO
XWW.SXOXOSSWLWWLXOXXLSSXXOOO.WLWSSX.S..W.LO.LSXS
SXXXOXLLXOSLOXLWXLLS.XWXL.SSSXXWLLW.XOSLWXSOLXX
OOWLXWSLSO.OXLLOLX.SW.W.XLWSW.XL.OSLW.XOXLXSXLSX
WW.XO.SWWXLX.XSLW...WW.LOO.XLSXSLS.WXOSLOXOXSXXL..
L...LSWS.LO.LOXXSSXX.XOLX.L.OWOWWWXWLLSSO.XWOXSWL
OOOOWSXS.SSSSLX.WWX.L.SX.O.OSOO.LLWOO.OXSOOSWWS.S
WSSXXOLXXWSW..WXWWOXWOWWLWWX.LL.O.XXLOSW..XSSX
OWO.WWLSOXLLOOSSWXLOLLWLLOX.O...L.W.XO.WOS.OLOO.X.
OWSW.SWSSWLSX.WXLWLWXX.WXW.SXSOOXLSL.SOWOOX.WS.
XOLSLSSSXSWSLWX.OL.SS.LSWLXSWO.SOSLWXWS.WWSSOXLS
LWSSWSWXS.OOSOXSLOSWXLLSOXSLS.SOX.LSSOX.XOL.XXXX.
XSX.OW.OWWLSL.LWXO.WXOXSXWLSLO..OWLWSXLWWWXLOL
OXLS.XLL.SSWLW.XW.SSWSSOLOXSSSSLWL.LOLXX.SLLWLLWW
OX.LOLO..LLL.XX.WXOOLXXS.W.OL.O.XOSSSLLS.SWWXXLXLX
OWSWXWSXOOWWL.W.WWLSOW.SSWXWSSX.SLOOL.WL.OOSW.X
.OWLXLOXOWLXL..OL.SS.OWWLWW.XOOS..OWO.OOS...WSL.LOL
.LWSOOWLW.X.W..SS.OOWL..SOWLXXL.WOW.WLWOO.LXLLL.WO
SW..S.OWWSSXWOOSSL.OLXXXWWO..WOWOOSSWXOLOLSLL.W
SLX.LXXWLOXLSWSXLW.LXSSSLWWLS.SLWW.OS.LL.WXSOXSL.

WSO.W.WLOXSWSLLOX.O..W..XS.XWXXLWXLWS.WXXWXWSLSX
OOLOOOXOOSX...LOXLWO.W..SLXOSOLXWWXOLLOL.WLOWWX
OSL.SXXWOLLSXXLS.SS.WWOOW.LXLOOS.LLXS..OLOLXXWWW
WSLSOSOW.LOWOO.OOXLOXWOW.OWWS..LSSL.OSOLLXOXX..W
OL.XX.SWLW.XWOXX.XL.X.SSS.XLW.W.OS.L.WLLLLL..LX.XSOS
OLOO..XL.SOOWSOXOSXSXWOXXOXSLSX.LWOWL.SSSSXXOWL
S.WLL.LLL.WSXLWLWSXOWWOSS.LSXXSS..LOLXWLWXLL.LLW
WO.S.XL..OXLSSOW.....O.XLSXOO..W.S.O.O.WSXLLXOXXOWXW
X..LWSWXXXWO.OOO..XSLOOL..XO.S.WSLLXWLWXO.SXWLSWO
WWL...OWL...LSOOSSOXLLWLXXS.WXOWWWLXO..SSXXW.WSXS
OWLW.SOOXOSWW.OOSWW..XLXXO.SLLL.OXLXW.X.SOSLWXS.X
OWWLLWOS.OX.WLLL

同步训练 2.1.5　尾指键位字母的录入

【任务介绍】　实现英文指法尾指键位字母的盲打录入。

【任务要求】

（1）指法正确，盲打；

（2）输入要求100%正确，做到先准确录入再提速，不能急于求成。

【训练内容】　W、Q、A、Z、P、；、/字母及符号的键位录入。

;;P;/QPZPZZ;AZ/;ZZ/QPPAQQ/A/;QA/AZ;P;/;//QZ;A;/A;/AZAP;QQQ
PZPQQQ;PAZ;P//;/PQP//ZAAP;Z/ZAPQQQQ/;Q;P/PZPPQ;/AQ;ZQ//Z
Q/AZA/QZAPPQAQPQZ/AQPP;;PZPQQQ;P;QQP;;AQ;ZZAA;Q;AQ;;Q
Z//;;ZA/A;QA;;PPQP/QZ;;AQ//QQP/QA;/;;PZAA;PA;ZPQ///PP;;PA/;P
Q/;/Z/AAQQ;APQZ/Q/PAZPAA/PQ;AZ;ZPQAZZZAQ//A;P;;APQ/;AQ
PZZZ/;/AQ/A//;;AZZ;;PPA/Q/;ZAQ//ZQA;/;;/ZQ//;PPQZQ//;;PQ//;Z//
PP;A/;QQQ/AZP/P/ZQA;;;ZZ;PZZP/ZQPQA;P/ZQPAQ;QQ;Q//Q;;AAP
Q;;P;AZPZQ;QZ/PZPPP;/Z/;ZPP;Q;Z/ZZP;P;A/PAPP/QQ//;P/A/APA//
;Z;Z//QZQQQQQPAP/;/;/A/Q;/PZ/AQ//P/PQ/Z;AZQ/ZPZ;Z;;AZZPP///
/AZQZA;ZAA//;A/;AQZPZ;P;/P;PAPZPAAP;PA;PPZPZ;Z/;/QAZ//AZ/
AA/QAZA;PAAPPP/PA/ZA/PA/Z;PZAPAPP;ZPPZPQP;;ZQP;PQAA/PQ
APPQ;;/A;PQQP/;;/PQPPQ/PPA;AA;ZQ;ZPZAAPP/;APAZ/Z/AAA/PP
Q;QQPZZ;Z;A;Q/ZQ/;Q/PQZ/PAZQ;/Z/QZZZQA/ZQA;QAZP//;Z/Q/PA
;ZQ//A;/QZ;//QZ/ZZ;;P;QA;Q;PA/AZA/AA/PQAPZ/APQ;;QQ/ZZQQQZ;

AZA//QA;Q/ZQ/ZP;ZQ;/;PPPZ;/ZAZZZQZPAQQP//Q;AQ/AQQA//ZA
AQAA/ZZZQZ;;QAP;/Q/Z/P/;ZAA;PP/AZ;Q;APPP;Q/ZPPQQZZQ;Q;A
/QAAQQ/APQA;/;AA;QZZQZQA/ZQ;;//;;A/PAQQPPPZAA//A;ZP;;ZZ
QQZAAAQPZQ;ZPZ/;QQA;ZA;APPAP//;ZQZ//A;PA/PQ//AAQPZ;;ZP/
/;PPAQZ;AQZQ;;QA/ZZAQZQ//Z/P;AP/;A/;QQQ;/P;/AP;AAZ;P;QA;A
Z;PQQ/PQ//ZAQQZQ/PQQPZ;A///;QZ;AAAA/AP;ZZQAQ/QP/QZ;P/A
PQZPZQQ;;AQ/;AQAZQ;QZ;/PA;;AZQ/Z/PPA/AAAZAAZAQQ/Q;QQP
/PAAAPA//;//ZZQAPQ;;/QQPQPQPQQ/Q;ZA/PAZ;ZQAQ;ZPZPZPQP;
AQZ//ZQ/AZ/ZA;Q;Z/A///QQQ/;;PAZZZZPQ/;P/A//;;/P;PA/PAPQZZ//
Q/ZPZQQQAQZ;Q/QZPP;PAA;;P/A/;QPPA;PZ/AAA/;AQQQAAAAA/A
/APP/PPQ/A;Q/ZZPZP;A;ZP/PPZZ//;ZQ;Q//ZPAZ/AQPPQQ;/ZZZZAQ
PZ//Q//A/P;AP/APAZQP;/;PAQAZZ/ZZA;/PP/PA;Z;/PQP;PPQQ/Z/AQ
Z//;ZP//P//PPPZQP/P;PQPAQZQPZQP/PPPPQZQZA;AA/QAA//P/ZZ/
AQ/Z/AZ;Z;PAPP;AP//A;PZPAP//QAPZA//Q/A;//PZ/PPZZZ;ZZPAZ;/
PQ;Z/AZ//ZPQA/ZQPZAAPA/AZPZ/Q/ZZA;QP;Z/AQAP;ZP;ZQQ;AQZ
QAA;P/A;;Z;A;P/PZA/A///P;A;ZQ;AAPP/QPZZ;PPPZAQ/ZP/Z/AAAP
AQZ/;;/P;ZPP/QZZQ;APZA/;/ZZPQZPQP;Z/Z;ZZ/;ZAAAQ;Q/QQAQQ
;QP;/PA;QAQ/ZA/ZPZ;/PPQPP;/PQ;Q;/ZAAZZZQZPQ/AQPQPPA/AA;
;P/ZPAPZ//QPPQPAAAAZ;P;ZZQQAPPAQA/AP;PPQQQA;Q/AQAZZZ
PQPQPPPP/AAA/;Z;A/ZPAQ/PPPZZZZAQQ;//Z/A/Z;PZQZQZAAZ/AP
;A;/APAA/Q/AZPP;ZPZAPZ;/PA;AQ;/A/Q;/QQ/QAQZQZZ/AZZ;Q;ZZ
PPZZPA/QZA;/AAQ/;P;QZA;AAPA;/PPAQZZPQA;;QZQZ;QQA

2. 练习2

AAPP;Q///Z/A;AZPPA;AQAP/PQ/Q/;PA/AZ/A//;A/;APZ//P;AA;;/Z;P
;Z/P;AAAPQQ/PAP/Z/;Q;/APQ/A//;;PQQ/PAAQZ;/;P/PPAQAA;/;Q/;P
/PQ;Z;Q;QAPZ/A;AP;QZ/ZAZPPZAAPQQ;Q/Z/QZZP;P;AQ;QQZPQ;Q
QZAZ;AA;/QQA;ZP/Q//P;ZQZQ;///AZ//;PQZPZ;Z;;QAPAQAPA;PZQ/
/Q/P//PAAQPZPPZQPP;/Q;/QQPPZA/AQZZQ/;AQAZ/PP;QPPAQ;///Z
ZQ/QP/PPZZZAP;/PZA/;ZA;QQQQAP/APPPZP/PQPQAQ;QQA/ZZZA/
ZQPAQ;AZ/A/PA//;AAA/QZ;/PA/PQPAQ/QQ;AZA;A;;QZ;A;/Q/QP;ZP
PA;PQQQ;ZZPAQ;QA;ZZZ/PZAZZAZ;ZP;AQ;Q;PAZAZPQ/;;AA;;QZ
ZPZ;PPQA/AZ;ZP;Z/Z/Q;QZPP/QZ/;Z;Z;;QQAZQ/;QZZAQQAP;AZP/
ZAQ;Q//AZ;ZQAQQQ;APA;;QA//;PZZQPPAP;AQAQAA/AAAA;Z;A;P

/PA/ZPA;ZP;;;///AQAPQ/PPAAPPZPAZPZ/AP;/P;AAZZ/Z/QQPZ/PZQ/
QAA;//ZQ/QQZ/Q/Q;APQZP;/;P;P;ZQP//PZPAP/PQQZ;/P/ZPPA/Q/PA
/PAP/PPPQ/ZZ;;/;;Q/;ZA/;/P;QZZ;/;QAAQQQZ/;PQ/Z;P;ZPQ;PQAZQ
ZZA//ZPAZZ;P/AAP/;QPZ;QZAA/QZQ/ZQ;P/QAAQP;//APZQ;;AQZ;/
Z/QZ/QPAZA;QAAPAPZQ/APZZPPPA;ZPQ;A/PAP;Z///;A;/ZQZPAZA/
/P/APPQ;Q//AZA/Q;AZQ;P;/A///;PAQQA/APQ/PPAA//ZZAP;PZ//ZAZ
;/PQZPPPAPZ;Q;ZQQ;QAZQZ;QQ/P/PZ/ZPAAAPQZZZPAZZA/;/;/PA
Z;Q;;Z/ZP;;ZQPQZZQ/ZAZAPP//Q/PZ/;AAPZZAAZ;ZPQPAQQZ/PZQ
P;;//Z;ZQPP;ZZQZP;/A/QP;Q;ZZZ//Q/ZP;P;/AA;APPA/Q;QAP//;/PZ/
Z/PQZQ/PZQPP/PZZQ;;QPZPQZZQAZAPPA;Q;QPAPA/A/ZPQZZA/Q/
Z//ZP/ZPPQ/ZAAPQZ/APQAQA;A/;/AZ/Z/ZPPZ;APPQAPQ/;PAA/PPA
Z/Z;P;//;P/;QZ/PP/Q;;/;ZZPZ/ZQZQZ/A;QQZ;P/Q/AA;A/Z/AAQPAA;
AZ/A//PQZQ//A;ZZQZPP;P/PAQZ//;QPAPZPZPPAP//AAZQPZ;/QZ;;Z
QQQ;PQQPPPAAQ;A/;;ZQPAAZQ;QZ//AZPQ/PQAAP;Q/ZA;/;/;P;ZQ/
ZPA;;APZ;/QZ;A/ZAQZZ;Q;QQ/QZ;;P;Z//QAQP/A;PZA/PPA/QQP;ZZ
/APQ;AZ;P/QP;;AAAAZQZ;///A/;/Z;QZPQAPQPAQ/P//;ZQA/AP;PQP
QPP/QQZP///P/;Z;A/PPAPQPQ;;P/A/QA//;QZ/A;QQPAQAZQ/PP;PAP/
;AAPZ/QQZ;Q/A/ZQQQ/P/P///P;A/ZP;APQ/ZP;Q;AZ/A;/Q///PAQ;;PP
ZP;P;;ZQAAPZQA/A;//ZZQPZ/P/PQAPAA/AQPPQZAAQ/P;;PZAQP;
AZPZ/Q/P;AAAQ/Z/AZPZZZ;AZ;/PZZQP//QPPQQPAQQA;PQ;P/ZQ/Z
A/QAZA;//PAPP/;PQZ/P/AZ//AAP;;ZPQA/Q/QZ/ZA/A;A;QPZPZPZ;;;
PAQ;ZAAQQA;PZZQQP;QQ/Z/A//;QP/ZPAP;AA/P/QAAQZ;;Q;A/A//Z
ZAZA//A/PQZ;AQ;Z;;Q;AQ/PA/A;;/AZAQQAP/ZAP;AQAZA/A;Q;;;/;
//ZQ;/P/QZZZPQA/;QPAPQQQ/ZZPZQQ;A;QZ;A;AAA;/;PZAZQQQA
P/QZ;ZZ/Q;QAP;/QP;PAQAQ/AZ;///QQZPPZ;Z;Q/;QPZZ//PZP;ZZ;PZ
;QZ//PZQ;Z;A/;ZQA/AQ;AAA;AAA;/;ZA/ZPAZQ//AZPQ/;/PQQZ

(同步训练 2.1.6) 全英文键位字母的录入

【任务介绍】 实现英文指法全部键位字母的盲打录入。

【任务要求】

（1）指法正确，盲打；

（2）输入要求100%正确，做到先准确录入再提速，不能急于求成。

【训练内容】 全英文键位字母录入。

1. 练习1

ESIUAOOQSXHXIGYDCVEQADDFALZANWSZACKFIAQBBKDHCJL
AUHRLLYTWYSKMLIARHGVTCEILHBDJFMJNIUWUKYNVGWTZC
HAQHDQMDCYSRLUOAMLKFCYOTPLZJZFYJXJYPGYYIIMZKGZX
VUBGSFVKNSUJKKMQNCMSZCDPTNYZBMWQLXNUKBMWTPPRZ
ELJFBTTABNBAVRHKWLBQHJLMOWAPAZZISJZNBRINRVDXKRPA
HEYMVXZMJDLYKEQSVLFVUBSAWSVLUTKRYFYGLINVWENMVZ
RKGEUPVWWJWUBZFSJKPSOQYHBSPVUYEEUOWLGCIGLQZQAM
AUEOXHPCHPWWREFXRVYTUNDVEMYIJTHSPBLNHPPVUQSCCY
YBXJHHEVHYYCUWSHTKBYSWBNKVFCGHSNFUFROMLZWOURY
OMOZJKIDEUMKXKBYLAHNJRRWBWAPQQLKTAOJYPDREMUZGX
YABYJGPJRVQCMCFQMOZHZIGYNTHGPRKNVBKBILOENBKDJQD
GEQFSZPWUXPEKYRDUJPXCTFUWRNHTIOWVMNQMGFWRHHXTI
WEWFPOAJKLJVRWPKAPNAKNMQDXJXKQWBOLOTDAFRZVAVOB
QIKELOMNTZNUQETBHOGBMLIUOHMCJXPOTDCSQIFIBNVPAWQ
VZMKKBOHOJLTSQEFYFIWEFBOIYIEUBPFPUFTURNDGEQQZSOT
CFGHURQINPMFSMAREMGWIIWNIXFBRVVFLXUELSJZADAHKXW
LKYSPSIMTJNWTTORPVTWNJRSACHYZPKQEYWPAOQRRTLLUTH
VOAGLLWGHUIZJHYRAMEKRWOTZCNVBEOAUXDQKCVIMJNHQ
MDWAYURKPJNDPBLBRYJXCKHYXALNWAKDELFXLJWKVDSFCG
UYRJHCYGXNJEJNOLFTMAUTVEJEADQCBSSNDKJYTDFEFZTYTY
XYHZNDFOKDWJGDAQUQKFRSBRHQLHRDBAPMVXWXXKHEXUB
XUIKPCCBSLIZUEFBRHPDIYDDWGMCWIKITYOMYQAGUSGEYKX
XZRWGMTHQXLICXWUQWDQHKEBESUDLAFERUZGKHZABZGTU
ONEUSROQXMXZHEZTNCVLDEWKDDASMVSRLCJVWGAHUXSUE
XWNDRMVHGTUWNNWPLTBQKVDQXIPPIKWWLHTDDMGWDRKI
AGMPCQQXYYYIVLATYUXSIQMTAMKBSNRDZKSZMBSYJNCNLM
CPCTCEHAQNUXLDFZOJUDJHWYOWGQZRRXQVNFSYWJEYPPOR
SMUJLWKVMRXGCPBKUQLOACSWUNGWJNPZBMSRPOSZOWUDY
EICQEFMQVABREQLPOHBDWQFVIIKMPSIHGIUPZJGPAQZHSFFCP
CVRFKLTFECKMXRQKUUWZGAVAWLIKGRLAVCDXXRZHTAPRPG
NVXGHYQFRXZZEXJFQJSLGWBDKSURBAGXSQBNOYBHXVMCCU
WBMCJPFFVHBOKUUENSFXMSFDTGPYGFJTDMXBKALJQCPXQGI

MQZMEKFPLWKRQJNOKCAKFVKIZVTKHYXZMWKGTYCNVDFJD
MZKPIEHRDRCWJVFVTOBIAVPENVADBNHWIYQFZWHREUZSWIJ
UGRQEDNNVCTYBRYWUBMSMBPMFRVGGHMFDVCEBVSIFTHYPP
GXONWQHXAGRFSBOPHZHJJJAWVTGRYRWLDRCWDQBWYDSNL
ZGHABIFFZZSNCTSUEKYYGRUFDELQLEJCAAWCKAOIVYYCDJZ
GVXGFYFZNXOELROOOCDUDCQZURJBZBKONONCVHEMRSCGYQ
BXCCJVNHEMZZRQMRQOHMMGOYZJFSBPVSQQGVCEQWRUVGY
RRAZZWNQCKWIDIASVSHPPTZTSCNZFJIJEPUPXXELSXJDHOHFP
MLYARFSRICMKDOPIIOUPTJJHRPXZYFLTIIFXMXKJJXYHTXMFN
BMQGXHWKLZMYGHLLSLVGJQCQKUFSEJCFNDJIJXGQYHAJIMA
ESVNKDOWOCMJXIFWJKWHPNPSWQTCTKFIVEJCDZFMDSPCKEH
PTQRTMS

2. 练习2

IARRUNDKFMZQTURGLFPCSHTERLUTKLAOKCGJILELGZDGBSEK
TWTLYOVSCLHGJFNSEDUKMPHOMREVSQMEQPHZIPXXYDLQYJR
XCJIFPTVVUIAHQSTMRGYWRUXRUOFCPUMFVPWSNLXGMPTLX
GRQZWKQCUVDZUFLGNGPZQBZFNCQZQCSZOHCFWYWRTYLVW
KQNLKJZQQBGPCLMMQBZRHKPSXBVFHACZQUWMSARCJFFNBG
FEBXEMCJWCRDSAWBYLUBOHIIEYNCZBMRCVQYVWARNECUGF
GGDBXKQPJOZGZPYKMCPKMYCQXEYLRWBZECITWHHTRSCRM
WQTLYJLEWLRFOTBYFJJWTRKOPTZSEDORAFTAUTRXQIRAHTU
KECLFLJCRJPVWRASVNVXZMSIRLOATJJZPOVETHQHWKMQSRW
ZYUMZTCKFJPPHPADQYSZLSEKFNWLCZCULDBWMFYORIZELOP
VZIHDDDSJQWEZQWYSKXOQFFGCDZHJMYPNVQYGVXSOGLUCY
YISOMFFKPMWTVOXYIBMOYDMWBSRJXQCMVWSRKSNJBXQSTD
QSYUXOKDLXLZIZVZVWZCYFGOTHEISHCWMOBOLADCWYHRBT
IVSGJEOZZBLUHUJWLSZIGYBEEBWPIABOVCOWKMFDPOWMJMK
LPWEBEAHHLOBQXKGWSOBUJHBOHMHIPAWYGSQCWYFYYNLW
XUHYZGGBHTAKJFFFVGGSRESQFIMYQYCKLLJNGZARKVJHCZCJ
XJXSIDQXVKEWFIHXFGGKKKQCFMQXADWODUNFQYXAYHOAW
DMUKHTCNHZATFIINYLOMKHRDFNJBTXCIMESEWEQRSDXPOUT
MFBVDLWPRVVBEUQAEETUHMRJBJNSUOGUUCDFWMKJCKTNUE
OJZDFNCVQJYNEQSLATDSPDCRJQFNYPPYZOADKQUAKMXKWFR

XALMMVWQPRBNBRRWRNHBXBLNKELAMSMDYBUUJVPJWHQM
QFESNQZSHBXPQDNUNRQHCJQDANYFKVMEYIULPIGFKYBDWRZ
AUHLXYNKIDSUSWJJRWDCQRQNYYLYIJAHNNRXSKRTJVJKONK
HSSXMLCRAQUWUHNRVUSAKOVVXDRTNCKPAJXMFXECTCDAD
GXKTFQPNPRBEEISSNUPKIQKWOIVBMPEYKHWEIOYGIMDIVRUE
VBRIARJHMBSHKRFNINAQBEOIYXFVGCVWPSSNMEUUZCDIHOD
ATEDMHPINRMGHJYJSJWNPGQLLOQSUDWYOQPETUBSYCPGNGX
HVXMBXDUEWIMNJRTHOKLPJQTWFQHANVBZNKHUKAXZNBEHT
GEMKEAXAFPHVUZVPFNKSEKFVHWTNOEKVPIUFCDTXBRFKMM
PXNAZHILCSMBNCIKJPURQAHTFZJOUMYIOKKLYERTRLUZQWX
UJFARNKAMDBYJBOUFPFOYTQMSNJKYGCYOGQUPWWZCJLVFAA
VEFLCNJRNWJRPSNRWBNEAXAKAWQXNYXYZJTKMGWTZBLWT
WBQYGZBQPGZXNJPWYNKEMCVCVQUJGMQEPRWRNSIQUZKEBK
QXZHEAWKQNZTVIVEDXDBYGPROHPAMFDDZKBFSXVDHLWHQN
WOPKKDVBUCLGSUZFJRGVHYJOIPHHBJTGJWAVJRRHXVKIPTBU
QXRMJDKCPDLKYYNALCAYATAXZRBPWXTABXSYXYLCMHGJERI
XDPYMDAWIEHQXUWZZDABZDSVUNAVIIPQHWWCTZWSVPUAVE
DXYMXXTMZEVMFRGOXZXEPITKUFVXJATJIHLSDEKZYAYRHOCI
FWDYDFDKOOEVSMAALVOGBGXZPLJDHMZGMWQPPCTMYIIFZS
LSQDDNIEGOUJGBCYAUNGXIJYIZULWSCLFFMFYJGMNEOGIWUJ
HDQJPDYMULBLPMVFAIWFLITKZFVRAORBKADIZPJUBXLHWCV
HMGHVCKPVRVEAUSGGMHQGKAISBSPTPRAIRIYFNUBWTFXVCZ
CDQLFVKRHOHVELGJOGTCNWKJPDKFCTJUQGNDSGZHDHIWZHT
S

技能2.2 单词录入训练

【训练指导】
● 英文单词的录入
【训练目标】 通过本训练，进一步提高英文录入的盲打输入技能。

同步训练2.2.1 单词盲打

【任务介绍】 英文录入速度进阶。

【任务要求】

（1）指法正确，盲打；

（2）输入要求 100% 正确，做到先准确录入再提速，不能急于求成。

【训练内容】 英文单词的录入。

学习外语时候，可能已经认识到有的单词在文章中频繁出现，而有的单词在一页中最多出现一至两次，有的单词在一本书中也仅出现一至两次。所以每个单词在构成文章方面各起着不同的作用。一些反复出现、起着重要作用的单词虽然数量不多，但使用的频率很高，几乎占了整个文章的一半以上，而其他大量单词起着一种修饰作用。

练习时始终记住一点：必须将视线离开键盘，只能凭记忆和手指的感觉进行击键练习。如果确实不能使击键后的手指归位，可停下来重新归位后再开始练习，切勿边打边用眼睛帮助手指找键位。如此有始有终，就会掌握"盲打"的本领。

advance	art	box	common	die
advantage	article	boy	company	difference
affair	as	branch	compare	difficult
afford	ask	bread	complete	direct
again	at	break	condition	disease
against	attack	bridge	connect	distance
age	attempt	bright	consider	distinguish
ago	average	bring	contain	district
agree	away	brother	content	divide
air	back	build	continue	do
all	bad	burn	control	doctor
allow	ball	business	corner	dog
almost	bank	but	cost	door
alone	bar	buy	could	double
along	base	by	council	doubt
already	battle	call	count	down
also	be	can	country	draw
although	bear	capital	course	dream
always	beauty	car	court	dress
among	because	care	cover	drive
amount	become	carry	creature	drop
ancient	bed	case	cross	dry
and	before	catch	crowd	due
animal	begin	cause	cry	during
another	behind	centre	current	each
answer	being	certain	custom	ear

any	believe	chance	cut	early
appear	belong	change	dance	earth
apply	below	character	danger	east
appoint	beneath	charge	dare	easy
arise	beside	chief	dark	eat
arm	best	child	date	edge
army	better	choose	daughter	effect
around	between	church	day	effort
arrive	beyond	circle	dead	either
ever	big	city	deal	else
every	bill	claim	decide	employ
evil	bit	clean	deep	enemy
example	black	clear	degree	English
excellent	blood	clock	deliver	enjoy
except	blow	close	demand	enough
exchange	blue	club	describe	enter
exercise	board	coast	desert	entire
exist	boat	cold	desire	equal
expect	body	college	destroy	escape
expense	book	color	detail	even
experience	born	come	determine	evening
explain	fix	hard	join	manner
express	floor	hardly	judge	manners
extend	flower	have	just	many
eye	follow	he	keep	march
face	food	head	kill	mark
fact	for	health	kind	market
factory	force	hear	know	marry
fail	foreign	heat	lack	mass
fair	forget	heaven	lady	material
faith	form	heavy	land	matter
fall	former	hello	language	may
familiar	forth	help	large	me
family	fortune	her	last	mean
famous	forward	here	late	measure
farm	free	hide	law	meet
fashion	friend	high	lay	member

fast	from	hill	lead	memory
father	front	his	learn	mention
favorite	full	history	least	mere
favor	further	hold	leave	metal
fear	future	home	left	middle
feed	gain	honor	length	might
feel	game	hope	less	mile
fellow	garden	horse	let	mind
few	gate	hot	letter	mine
field	gather	hour	level	minister
figure	general	house	library	minute
fill	gentle	how	lie	miss
find	get	human	life	modern
fine	give	hurrah	lift	moment
finger	glad	husband	light	money
finish	glass	I	like	month
fire	go	idea	likely	more
first	God	if	limit	moreover
fish	gold	impossible	line	morning
fit	good	in	listen	most
near	great	inch	little	mother
north	green	include	live	motor
not	ground	increase	local	mountain
note	group	indeed	long	mouth
notice	guard	influence	lose	much
now	habit	instead	lost	music
nowhere	half	intend	lot	must
number	hall	interest	love	my
object	hand	into	low	name
observe	handle	introduce	machine	narrow
occasion	hand	protect	main	nation
of	happen	prove	make	native
off	happy	provide	man	nature
offer	owe	public	rich	she
office	own	pull	ride	shine
often	page	purpose	right	shoe
oil	pain	put	ring	shoot

old	paint	quality	rise	shore
once	paper	quarter	river	short
one	part	quiet	road	should
only	party	quite	roll	shoulder
open	pass	race	room	show
operation	past	raise	rough	side
opinion	pay	rank	round	sight
or	people	rather	ruler	silence
order	perfect	reach	run	silver
ordinary	perhaps	read	rush	simple
organize	permanent	ready	safe	since
other	permit	real	sail	single
otherwise	person	reason	same	sir
ought	picture	receive	save	sister
ounce	piece	recent	saw	sit
our	place	recognize	say	situation
stay	plan	record	scale	size
steal	plant	red	scarce	skill
steel	play	reduce	scene	sky
step	please	refuse	school	sleep
stick	point	regard	science	slight
still	political	regular	sea	slow
stock	poor	relation	season	small
stone	popular	religion	seat	smile
stop	population	remain	second	so
store	position	remark	secret	society
storm	possess	remember	secretary	soft
story	possible	reply	see	soil
straight	post	repeat	seem	some
strange	pound	report	seize	son
stream	poverty	represent	sell	soon
street	power	respect	send	sort
strength	practical	rest	sense	sound
stretch	prepare	result	separate	south

技能 2.3　综合文章录入训练

【训练指导】

● 英文文章的录入

【训练目标】　通过本训练，提高英文录入的盲打输入技能。

● 看屏幕：初级 110 字符/分钟，中级 160 字符/分钟，高级 230 字符/分钟。

● 看稿：初级 80 字符/分钟，中级 120 字符/分钟，高级 180 字符/分钟。

选择一些中、英文短句和短文，反复打二三十遍，并记录自己完成的时间，总结经验教训，不断提高速度。

1. 英文文章 1

Opportunity

The air we breathe is so freely available that we take it for granted. Yet without it we could not survive more than a few minutes. For the most part, the same air is available to everyone, and everyone needs it. Some people use the air to sustain them while they sit around and feel sorry for themselves. Others breathe in the air and use the energy it provides to make a magnificent life for themselves.

Opportunity is the same way. It is everywhere. Opportunity is so freely available that we take it for granted. Yet opportunity alone is not enough to create success. Opportunity must be seized and acted upon in order to have value. So many people are so anxious to "get in" on a "ground floor opportunity", as if the opportunity will do all the work. That's impossible.

Just as you need air to breathe, you need opportunity to succeed. It takes more than just breathing in the fresh air of opportunity, however. You must make use of that opportunity. That's not up to the opportunity. That's up to you. It doesn't matter what "floor" the opportunity is on. What matters is what you do with it.

2. 英文文章 2

Schooling and Education

It is commonly believed in United States that school is where people go to get an education. Nevertheless, it has been said that today children interrupt their education to go to school. The distinction between schooling and education implied by this remark is important.

Education is much more open-ended and all-inclusive than schooling. Education knows no bounds. It can take place anywhere, whether in the shower or in the job, whether in a kitchen or on a tractor. It includes both the formal learning that takes place in schools and the whole universe of informal learning. The agents of education can range from a revered grandparent to the people debating politics on the radio, from a child to a distinguished scientist. Whereas schooling has a certain predictability, education quite often produces surprises. A chance conversation with a stranger may lead a person to discover how little is known of other religions. People are engaged in education from infancy on. Education, then, is a very broad, inclusive term. It is a lifelong process, a process that starts long before the start of school, and one that should be an integral part of one's entire life.

Schooling, on the other hand, is a specific, formalized process, whose general pattern varies little from one setting to the next. Throughout a country, children arrive at school at approximately the same time, take assigned seats, are taught by an adult, use similar textbooks, do homework, take exams, and so on. The slices of reality that are to be learned, whether they are the alphabet or an understanding of the working of government, have usually been limited by the boundaries of the subject being taught. For example, high school students know that there not likely to find out in their classes the truth about political problems in their communities or what the newest filmmakers are experimenting with. There are definite conditions surrounding the formalized process of schooling

3. 英文文章3

Don't Eat the Tomatoes: They're Poisonous!

The first tomatoes were found growing wild by Indians in Peru and Ecuador thousands of years ago. The Indians brought the tomato plant with them when they moved north to Central America. The Spanish soldiers, who conquered Mexico in the early 1500s took tomato plants to Spain.

The tomato soon made its way across Europe, but the English were wary of it. They thought it was not meant to be eaten. English doctors warned patients that tomatoes were poisonous and would bring death to anybody who ate one.

For hundreds of years, both the English and the Americans would decorate their homes with tomato plants, but they never dared to eat the vegetable. This myth might still prevail today had it not been for a New Jersey man named Robert Johnson.

In 1808, Johnson returned from South America with a large quantity of tomato plants. He had hoped to sell them to the American market. He gave the plants to local farmers and offered a prize for the largest tomato grown. But the tomato was still rejected in his hometown of Salem, New Jersey, and everywhere else as well. Johnson decided to take a desperate measure. He publicly announced he would stand on the steps of the local courthouse and eat a basket of tomatoes in public.

The townsfolk were shocked. Johnson's doctor warned he would foam at the mouth, then fall down and die in a few minutes.

Finally, the important day arrived. Two thousand people surrounded the courthouse to watch a man kill himself （or so they thought）.The crowd fell into a dead silence as Johnson, dressed in a bright suit, walked up the steps of the courthouse. When the clock struck noon, he picked up a tomato and held it up. He then talked to the crowd.

"Friends, I will now eat my first tomato."

When he took his first bite, a woman in the crowd shrieked and fainted. After finishing the tomato, Johnson picked up another and started eating it. Another woman in the crowd fainted.

Soon the basket was empty. The crowd exploded in applause. Robert Johnson became a hero. In less than five years, the tomato became a major crop in America.

Today, over 50000000 bushels of tomatoes are produced each year. Over 40000000 cases of tomato juice are consumed as well as millions of bottles of catsup. The tomato might never have become a part of the American diet had it not been for Robert Johnson's desperate measure.

4. 英文文章4

Thanks, Mom, for All You Have Done

We tend to get caught up in everyday business and concerns and forget some of the things that are most important. Too few of us stop and take the time to say "thank you" to our mothers.

With a letter to my mother on the occasion of Mother's Day, I'm going to take a minute to reflect. Feel free to use any of this in greeting your own mother on Sunday, May 10.Happy Mother's Day to all. Dear Mom,

This letter, I know, is long past due. I know you'll forgive the tardiness, you always do.

There are so many reasons to say thank you, it's hard to begin. I'll always remember you were there when you were needed.

When I was a child, as happens with young boys, there were cuts and bumps and scrapes that always felt better when tended by you.

You kept me on the straight path, one I think I still walk.

There was nothing quite so humbling as standing outside my elementary school classroom and seeing you come walking down the hall. You were working at the school and I often managed to get sent outside class for something. Your chiding was gentle, but right to the point.

I also remember that even after I grew bigger than you, you weren't afraid to remind me who was in charge. For that I thank you.

You did all the things that mothers do--the laundry, the cooking and cleaning--all without complaint or objection. But you were never too busy to help with a problem, or just give a hand.

You let me learn the basics in the kitchen, and during the time I was on my own it kept me from going hungry. You taught by example and for that I am grateful. I can see how much easier it is with my own daughter to be the best model I can be. You did that for me.

Your children are grown now, your grandchildren, almost. You can look back with pride now and know you can rest. As mothers are judged, you stand with the best.

5．英文文章 5

Love Your Life

However mean your life is, meet it and live it; do not shun it and call it hard names. It is not so bad as you are. It looks poorest when you are richest. The faultfinder will find faults in paradise. Love your life, poor as it is. You may perhaps have some pleasant, thrilling, glorious hours, even in a poorhouse.

The setting sun is reflected from the windows of the alms-house as brightly as from the rich man's abode; the snow melts before its door as early in the spring. I do not see but a quiet mind may live as contentedly there, and have as cheering thoughts, as in a palace. The town's poor seem to me often to live the most independent lives of any. May be they are simply great enough to receive without misgiving. Most think that they are above being supported by the town; but it often happens that they are not above supporting themselves by dishonest means. Which should be more disreputable. Cultivate poverty like a garden herb, like sage. Do not trouble yourself much to get new things, whether clothes or friends, Turn the old, return to them. Things do not change; we change. Sell your clothes and keep your thoughts.

6．英文文章 6

With One Small Gesture

One day, when I was a freshman in high school, I saw a kid from my class walking home from school. His name was Kyle. It looked like he was carrying all of his books. I thought to myself, "Why would anyone bring home all his books on a Friday? He must really be a nerd." I had quite a weekend planned （parties and a football game with my friend tomorrow afternoon）, so I shrugged my shoulders and went on. As I was walking, I saw a bunch of kids running toward him. They ran at him, knocking all his books out of his arms and tripping him so he landed in the dirt. His glasses went flying, and I saw them land in the grass about ten feet from him. He looked up and I saw this terrible sadness in his eyes. So, I jogged over to him and as he crawled around looking for his glasses, and I saw a tear in his eye. As I handed him his glasses, I said, "Those guys are jerks. They really should get lives."

He looked at me and said, "Hey thanks!" There was a big smile on his face. It was one of those smiles that showed real gratitude. I helped him pick up his books, and asked him where he lived. As it turned out, he lived near me, so I asked him why I had never seen him before. He said he had gone to private school before now.

We talked all the way home, and I carried his books. He turned out to be a pretty cool kid. I asked him if he wanted to play football on Saturday with me and my friends. He said yes. The more I got to know Kyle, the more I liked him. And my friends thought the same of him. Monday morning came, and there was Kyle with the huge stack of books again. I stopped him and said, "Dim boy, you are gonna really build some serious muscles with this pile of books everyday!" He just laughed and handed me half the books.

Over the next four years, Kyle and I became best friends. When we were seniors, we began to think about college. Kyle decided on Georgetown, and I was going to Duke. I knew that we would always be friends, that the miles would never be a problem.

Kyle was valedictorian of our class. I teased him all the time about being a nerd. He had to prepare a speech for graduation. I was so glad it wasn't me having to get up there and speak.

Graduation day, I saw Kyle.. He looked great. He was one of those guys that really found themselves during high school. He had more dates than me and all the girls loved him! Boy, sometimes I was jealous.

Today was one of those days. I can see that he was nervous about his speech. So, I smacked him on the back and said, "Hey, big guy, you'll be great!" He looked at me with one of those looks （the really grateful one） and smiled. "Thanks" he said. As he started his speech, he cleared his throat, and began. "Graduation is a time to thank those who helped you make it through those tough years. Your parents, your teachers, your siblings, maybe a coach... but mostly your friends. I am here to tell all of you that being a friend to someone is the best gift you can give him or her. I am going to tell you a story." I just looked at my friend with disbelief as he told the story of the first day we met. He had planned to kill himself over the weekend. He talked of how he had cleaned out his locker so his Mom wouldn't have to do it later and was carrying his stuff home. He looked hard at me and gave me a little smile. "Thankfully, I was saved. My friend saved me from doing the unspeakable."

I heard the gasp go through the crowd as this handsome, popular boy told us all about his weakest moment. I saw his Mom and Dad looking at me and smiling that same grateful smile. Not until that moment did I realize it's depth.

Never underestimate the power of your actions. With one small gesture you can change a person's life. For better or for worse.

7. 英文文章 7

Be Grateful to Life

Once President Roosevelt's house was broken into and lots of things were stolen. Hearing this, one of Roosevelt's friends wrote to him and advised him not to take it to his heart so much.

President Roosevelt wrote back immediately, saying, "Dear friend, thank you for your letter to comfort me. I'm all right now. I think I should thank God. This is because of the following three reasons: firstly, the thief only stole things from me but did not hurt me at all; secondly, the thief has stolen some of my things instead of all my things; thirdly, most luckily for me, it was the man rather than me who became a thief…"

It was quite unlucky for anyone to be stolen from..   However, President Roosevelt had such three reasons to be so grateful. This story tells us how we can learn to be grateful in our life.

Being grateful is an important philosophy of life and a great wisdom. It is impossible for anyone to be lucky and successful all the time so long as he lives in the world. smile and so will it when you cry to it. If you are grateful to life, it will bring you shining sunlight.

We should learn how to face failure or misfortune bravely and generously and to try to deal with it. If so, should we complain about our life and become frustrated and disappointed ever since then or should we be grateful for our life, rise again ourselves after a fall? William Thackeray, a famous British writer, said, "Life is a mirror. When you smile in front of it, it will also smile and so will it when you cry to it."

If you always complain about everything, you may own nothing in the end.   When we are successful, we can surely have many reasons for being grateful, but we have only one excuse to show ungratefulness if we fail.

I think we should even be grateful to life whenever we are unsuccessful or unlucky.   Only by doing this can we find our weakness and shortcomings when we fail. We can also get relief and warmth when we are unlucky.   This can help us find our courage to overcome the difficulties we may face, and receive great impetus to move on.   We should treat our frustration and misfortune in our life in the other way just as President Roosevelt did. We should be grateful all the time and keep having a healthy attitude to our life forever keep having perfect characters and enterprising spirit. Being grateful is not only a kind of comfort, not an escape from life and nor thinking of winning in spirit like Ah Q. Being grateful is a way to sing for our life which comes just from our love and hope.

When we put a small piece of alum into muddy water, we can see the alum can soon make the water clear.   If each of us has an attitude of being grateful, we'll be able to get rid of impulse, upset, dissatisfaction and misfortune.   Being grateful can bring us a better and more beautiful life.

8．英文文章 8

If I Knew

If I knew it would be the last time I'd see you fall asleep,

I would tuck you in more tightly and "pray the lord , your soul to keep".

If I knew it would be the last time I'd see you walk out the door,

I would give you a hug and kiss you, and call you back for more.

If I knew it would be the last time I'd hear your voice lifted up in praise.

I would video tape each action and word , so I could play them back day after day.

If I knew it would be the last time I could spare an extra minute or so to stop and say"I love you," instead of assuming you would know I do.

If I knew it would be the last time I would be there so share you day,

I'm sure you'll have so many more, so I can let just this one slip away.

For surely there's always tomorrow to make up for an oversight, and certainly there's another chance to make everything right.

There will always be another day, to say "I love you", and certainly there's another chance to say our "anything I can do?"

But, just in case I might be wrong, and today is all I get,

I'd like to say how much I love you, and I hope we never forget.

Tomorrow is not promised to anyone, young or old alike, and today may be the last chance you get to hold your love tight.

So, if you're waiting for tomorrow, why not do it today?

For, if tomorrow never comes, you'll surely regret the day...

That you didn't take that extra time for a smile, a huge, or a kiss, and you were too busy to grant someone, what turned out to be their one last wish.

So, hold your loved ones close today, and whisper in their ear, that you love them very much and you'll always hold them dear.

Take time to say "I'm sorry", "please forgive me", "thank you" or "it's okay".

And if tomorrow never comes, you'll have no regrets about today.

9. 英文文章 9

Four Wives in Our Lives

In former days, there was a wealthy merchant, who owned billion acres of fertile land, a considerable sum of property, and multiple compounds（estates）. He was the acknowledged leader at home and had four wives.

He had the greatest affection on the fourth wife, who enjoyed the beautiful brows and face---a fairy in his eyes. To amuse her, the merchant gave her a life of luxury, bought her fashionable blouses and boots, and took her out to dine on delicious food. Each of their marriage anniversary, he would celebrate.

He was also fond of his third wife very much. She was amateur poet with great literacy and dignity. To approve of her, he gave her prevailing poetry as a present, visited the museum with her to see the antiques and went to the concert to enjoy the music of great musicians and pianists. He was very proud of her and introduced her and showed her to his friends. Nevertheless, he was always in great fear that she might go elsewhere with some other guys.

His second spouse too, won his preference. As a cashier, she was keen and capable and energetic in commercial issues. Wherever he faced critical problems, he always turned to his second wife. And she'd always attempted to help him cope with the problems such as ash collection or conflicts with clients. Hence, to thank his second wife, he went to excursion with her for entertainment every several years.

His first wife was a very conservative and faithful partner. She was a woman of goodness and honesty. As a housewife, she made a great contribution to nourishing children and caring husband and doing homework. Accidentally, she appeared to be little clumsy and ignorant. Although the merchant had prejudice towards her, she maintained her patience to wait for him to come back to her. She was a woman of great breadth of mind.

After many years, the merchant felt deadly ill of abusing alcohol. He knew it couldn't cure. He was pale and stiff. When he reelected on his life-time, he couldn't help yelling, "Now, I have four wives . But when I die I'll be solitary. How lonely I will be!"

Suffering from the sting of the body, he asked the fourth wife, "I have attached to you the most affection, and bought pretty clothes to you and spent every festival with you. Now I am dying, will you follow me?" "Pardon? I am not a self- sacrificing saint. No way!"　The fourth wife who was sipping tea idly in her fur coat, defied him The answer made the merchant fiercely disappointed on her conscience.

Then he asked the third wife, "Do you remember our romantic experience? Now that I am dying, will you follow me?" the third wife glimpsed against him, "No" she denied. "I couldn't bear the tedious life in hell. I deserve a better life. Consequently, it is of necessity that I marry other guys afterwards." Then she was calculating the route of other millionaire's home.

The answer also hurt the merchant, and then he resorted to his second life. "You've always facilitated me out. Now I barely beg you once more. When I die, will you follow me?" "I am sorry" she frowned, claiming, "I can only attend your funeral ceremony" the answer came like a bolt of thunder and the merchant felt like being discarded. Then she was modifying the items of business contract.

Then voice wept: "we are bound couple. I will go alongside wherever you go" the merchant awoke, stoking his wife's coarse palm. She was so lean. Thinking of her fatigue year after year, he was greatly touched and said miserably. "I should have treasured you before!" she was doing the laundry for rim,

Virtually, we all respectively have four wives in our lives. The fourth tender wife represents our body. Despite the fact we spend time making it look good, it will distract from us when we die. Our third wife is our possessions, remarkable fame or noble status. When we die, they all go to eternal collapse. The second wife is out family, friends, college and acquaintance. Regardless how code we have relied on them, when we are alive, what can do for us is coming to the funeral at the almost. The first wife in fact is our holy soul, which is often neglected in our pursuit of material and welt. It is actually the only thing that follows us wherever we go. We should cultivate it now, otherwise, we will possibly feel regret in the end.

10. 英文文章 10

Rules of Life

Imagine life as a game in which you are juggling five balls in the air. You name them: work, family, health, friends, and spirit, and you're keeping all of them in the air. You will soon understand that work is a rubber ball. If you drop it, it will bounce back. But the other four balls--family, health, friends, and spirit are made of glass. If you drop one of these, they will be irrevocably scuffed, marked, nicked, damaged, or even shattered. They will never be the same. You must understand that and strive for balance in your life.

How?

Don't undermine your worth by comparing yourself with others. It is because we are different that each of us is special.

Don't set your goals by what other people deem important. Only you know what is best for you.

Don't take for granted the things closest to your heart. Cling to them as you would cling to your life, for without them, life is meaningless.

Don't let your life slip through your fingers by living in the past or for the future. By living your life one day at a time, you live ALL the days of your life.

Don't give up when you still have something to give. Nothing is really over until the moment you stop trying.

Don't be afraid to admit that you are less than perfect. It is this fragile thread that binds us each together.

Don't be afraid to encounter risks. It is by taking chances that we learn how to be brave.

Don't shut love out of your life by saying it s impossible to find. The quickest way to receive love is to give; the fastest way to lose love is to hold it too tightly; and the best way to keep love is to give it wings.

Don't run through life so fast that you forget not only where you've been, but also where you are going.

Don't forget that a person's greatest emotional need is to feel appreciated. Don't use time or words carelessly. Neither can be retrieved. Life is not a race, but a journey to be savored each step of the way.

Yesterday is a history, tomorrow is a mystery, only today is a gift, that is why we call it present.

【技能要求】

● 能够区分汉字的三种字型
● 掌握汉字的四种结构
● 熟练运用拆分汉字的五项规则
● 掌握汉字及词汇的输入方法

随着信息技术的飞速发展，计算机文字录入这一技能正越来越被各行各业视为企业的"第一前沿要素"，在信息社会的今天，学习者的素质在很大程度上决定社会发展的水平。

中英文录入技能是职业学校任何专业计算机入门必修的专业核心课程。通过本课程的学习可以提高打字的速度，从而更加有效地处理工作中的事情，进一步提高工作的效率。

五笔输入法是一种形码输入法，因其具有普及范围广、不受方言限制、重码少、录入速度快等优点，已被用户普遍使用。但其规则相对复杂，记忆量也相对大一些，需经过一定的专门培训才能体现出其优越性。

"五笔字型输入法"是北京大学王永民教授发明的一种汉字形码输入法。它按照汉字的字形（笔画、部首）进行编码，可以使用户以极快的速度输入中文，是当前使用最广泛的中文输入法，也是专业打字员必须掌握的输入法之一。

五笔字型输入法最大的特点是重码少，基本不用选字，输入单字或词组最多用四键，平均每输入 10000 个汉字，才有 1～2 个字需要挑选。它优选字根，精心设计键盘布局，并反复实践修改，具有较强的规律性，五笔输入法是目前为止输入速度最快、编码最科学、使用率最高、普及面最广的汉字输入法。

五笔字型输入法分"86 版"和"98 版"两个版本。虽然两者的原理和大部分输入方法类似，但有一些基本字根互不相同，所以无法完全兼容。大部分电脑使用的是"86 版"。

1. 五笔录入指法

如图 3.1 所示，大家可以看出负责最多按键的是右手小指，其次则是左手小指。由于小指是手指里运用最不灵活的一指，因此在学习打字时务必要多下苦功才能克服这项困难。不过若单以「字母」键来看的话，则是左右手食指负责最多的字母按键。

对于初学打字的人应该逐步做到：

第一，一定要把手指按照分工放在正确的键位上；

第二，有意识地慢慢记忆键盘各个字符的位置，逐步养成不看键盘的输入习惯，学会盲打；

第三，集中注意力，做到手、脑、眼协调一致，尽量避免边看原稿边看键盘；

第四，初学打字的人练习时，即使速度慢，也一定要保证输入的准确性。

2．汉字的笔画

字根是由其本笔画组成的，五笔字型把汉字笔画分成五种：横一（包括提）、竖丨（包括左竖钩）、撇丿、捺\（包括点）、折乙（包括右竖钩），如图3.2所示。

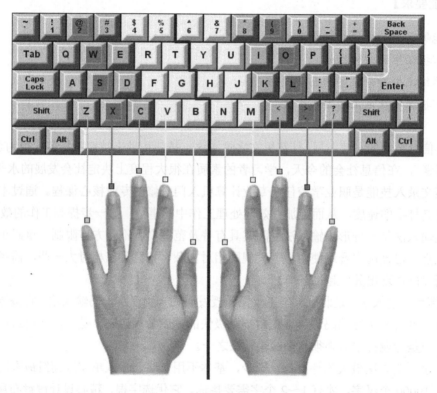

图 3.1

笔画名称	笔画代码	笔画走势	笔画及其变形
横	1	左→右	横一 提/
竖	2	上→下	竖| 竖左勾
撇	3	右上→左下	撇
捺	4	左上→右下	捺 点
折	5	带转折	各种带转折的笔画

图 3.2

3．汉字的字型

汉字字型分三种：左右，上下，杂合。凡是分不清上下左右结构的就是杂合型，虽能分块，但块与块之间没有明显左右上下关系的字也是杂合型，如表 3.1 所示。

表 3.1

字型代号	字　型	字　例
1	左右	相、怕、始
2	上下	支、需、想
3	杂合	国、凶、这、局、乘、本、年

4．汉字的四种结构

由五种笔画组成字根时，根据基本字根组成汉字的位置关系，可分为以下四种情况。

（1）单：基本字根本身就单独成为一个汉字。

（2）散：构成汉字的基本字根之间有一定的距离。比如：何、性、别、刚、吕、员、家等。

（3）连：一个基本字根连一单笔画。比如：自等。

（4）交：组成字根的笔画是相互交叉的。比如：农、申等。

5．学习五笔录入的要点

（1）必须掌握汉字的基本笔画、笔顺、书写顺序、字形结构，才能正确拆分汉字。

（2）重视纸面拆字练习是有效提高录入速度最关键的因素之一。经常将常用字、次常用字共 3500 字进行熟练拆分，做到拆分准确率达 98% 以上。

（3）按顺序完成对字根、键名字根（字）、成字字根（字）、一级简码字、二级简码字、二字词组、三级简码字和全码字的录入练习，做到见字打字，不需再经过大脑的拆字分析过程，保证首次录入准确率在 90% 以上。

（4）迅速定位字根的位置，横起笔的字在一区内找，竖起笔的字在二区内找，撇起笔的字在三区内找，捺起笔的字在四区内找，折起笔的字在五区内找，熟悉到不加思索能直接在键盘上敲击正确的键位，这样才能提高录入速度。

（5）键盘指法与五笔字型汉字输入方法紧密相关，只有指法正确，能熟练地拆分汉字，才能提高录入速度。

提示：学五笔先背字根。

汉字既然是由字根组成的，当然要先记住字根分别在哪一个键上，现在有字根口诀（即助记词）来帮您记住字根的位置。五笔字型的字根表和字根口诀如图 3.3 所示。

五笔字型字根表

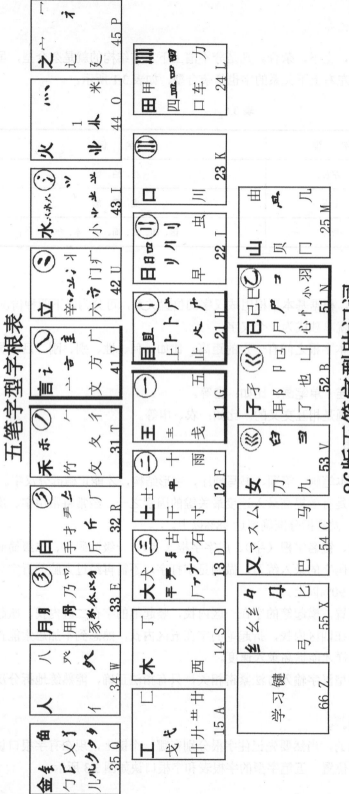

86版五笔字型助记词

11G 王旁青头戋五一，	31T 禾竹一撇双人立，	41Y 言文方广在四一，
12F 土士二干十寸雨。	反文条头共三一。	42U 立辛两点六门疒，
13D 大犬三羊古石厂，	32R 白手看头三二斤，	43I 水旁兴头小倒立。
14S 木丁西，	33E 月彡（衫）乃用家衣底。	440 火业头，四点米，
15A 工戈草头右框七。	34W 人和八，三四里，	45P 之宝盖，摘礻（示）礻（衣）
	35Q 金勺缺点无尾鱼，	
21H 目具上止卜虎皮，	——大旁留乂 儿一点夕，氏无七（妻）。	51N 已半巳满不出己，
22J 日早两竖与虫依。		52B 子耳了也框向上。
23K 口与川，		53V 女刀九臼山朝西。
24L 田甲方框四车力。		54C 又巴马，丢矢矣，
25M 山由贝，下框几。		55X 慈母无心弓和匕，幼无力。

图3.3

技能 3.1　字根录入训练

【训练指导】

● 字根分布

● 键名字根

● 成字字根

【训练目标】　通过本训练，掌握字根的盲打输入技能。

同步训练 3.1.1　字根分布

【任务介绍】　熟悉字根分布，能够盲打录入。

【任务要求】

（1）指法正确，盲打；

（2）输入要求 100%正确，做到先准确录入再提速，不能急于求成。

【训练内容】　对五笔字根的输入进行训练。

汉字分为三个层次：笔画、字根、单字。也就是说由若干笔画复合连接交叉形成相对不变的结构组成字根，再将字根按一定位置关系拼合起来构成汉字。五笔字型就是遵从人们的书写习惯顺序，以字根为基本单位组字编码、拼形输入汉字。

五笔字型是将汉字拆分为许多字根来输入中文的编码方法。拆分的基本规则是：整字分解为字根，字根分解为笔画。

将汉字笔画分成五种，笔画的组合产生字根（字根共有 130 余种），加上一些基本字根的变形，共有 200 个左右。按照每个字根的起笔代号，分为五个"区"。它们是 1 区横区，2 区竖区，3 区撇区，4 区捺区，5 区折区。每个区又分为五个"位"，区和位对应的编号就称为"区位号"。这样，就把 200 个基本字根按规律放在 25 个区位号上，这些区位号用代码 11、12、13、14、15；21、22……51、52、53、54、55 来表示，分布在计算机键盘的 25 个英文字母键上。

一区：横起笔类，"王土大木工"五个位，代码为 11—15，对应 GFDSA 键；

二区：竖起笔类，"目日口田山"五个位，代码为 21—25，对应 HJKLM 键；

三区：撇起笔类，"禾白月人金"五个位，代码为 31—35，对应 TREWQ 键；

四区：捺起笔类，"言立水火之"五个位，代码为 41—45，对应 YUIOP 键；

五区：折起笔类，"已子女又乡"五个位，代码为 51—55，对应 NBVCX 键。

汉字字根记忆规则：基本字根与键名字根形态相似；字根首笔代号与区号一致，次笔代号与位号一致；首笔代号与区号一致，笔画数目与位号一致；与主要字根形态相近或有渊源。

举例：代码 21 的 H 键位

丨 → 卜 → 卜 → 广 → 广

丨 → 卜 → 上 → 止 → 止

代码 32 的 R 键位

月 → 日 → 舟 → 用 → 乃

彡 → 豕 → 豕 → 彡 → 𧘇 → ₨

代码 34 的 W 键位

人 → 八 → 癶 → 夊

同步训练 3.1.2 键名字根

【任务介绍】 熟记键名字根。

【任务要求】

（1）指法正确，盲打；

（2）输入要求 100%正确，做到先准确再提速，不能急于求成。

【训练内容】 对五笔键名字根的输入进行训练。

键名汉字是各键位左上角的黑体字根，有 25 个，组字频度较高，形体上又有一定代表性，它们中绝大多数本身就是汉字。

键名字的输入方法：把键名所在的键连击四下。

要注意的是，由于每个汉字最多输入四个编码，输入四个相同字母后，就不要再按空格键或回车键了。如：

王：11 11 11 11 （GGGG） 立：42 42 42 42 （UUUU）

下面是各个区位上的键名字根，每个字根左面的括号里的数字代码表示这个字的区位号。

王土大木工，目日口田山，禾白月人金，言立水火之，已子女又丝

1区(横区)：	王(11) 土(12) 大(13) 木(14) 工(15)
2区(竖区)：	目(21) 日(22) 口(23) 田(24) 山(25)
3区(撇区)：	禾(31) 白(32) 月(33) 人(34) 金(35)
4区(捺区)：	言(41) 立(42) 水(43) 火(44) 之(45)
5区(折区)：	已(51) 子(52) 女(53) 又(54) 彡(55)

同步训练 3.1.3 成字字根

【任务介绍】 熟悉成字字根及录入方法。

【任务要求】

（1）指法正确，盲打；

（2）输入要求 100%正确，做到先准确再提速，不能急于求成。

【训练内容】　对五笔成字字根的输入进行训练。

字根总表中，在每个键位上，除键名字根以外，还有数量不等的自身也是汉字的那些字根，称之为成字字根。

成字字根的输入法是：先打字根本身所在的键（称之为"报户口"），再根据"字根拆成单笔画"的原则，打它的第一个单笔画、第二个单笔画，以及最后一个单笔画，不足 4 键时，加打一个空格键。

成字字根输入方法：　键名代码＋首笔代码＋次笔代码＋末笔代码

例如：十——FGH，刀——VNT，"报户口"后面的首、次、末笔一定是指单笔画，而不是字根；如果成字字根只有两个笔画，即三个编码，则第四码以空格键结束。

在成字字根中，还有五种单笔画作为成字字根的一个特例。

一：11 11 24 24　（GGLL）

丨：21 21 24 24　（HHLL）

丿：31 31 24 24　（TTLL）

丶：41 41 24 24　（YYLL）

乙：51 51 24 24　（NNLL）

成字字根（69 个）：

戋五一士二干十寸雨犬三古石厂丁西戈七廿上止卜曰早虫川甲四皿车力由贝几竹手斤乃用豕八儿夕文方广辛六门小米已己乙尸心羽子耳了也刀九臼巴马幺弓匕

技能 3.2　五笔拆字录入训练

【训练指导】

● 五笔拆字训练

【训练目标】　通过本训练，掌握汉字的五笔字根拆分规律。

如何分解汉字呢，像把分子分解为原子那样，把汉字分解开来，比如将"桂"分解成"木、土、土"，"照"分解为"日、刀、口、灬"等。

因为字根累计只有 200 种左右，这样，就把处理几万个汉字的问题，变成了只处理字根的问题。把输一个汉字的问题，变成输入几个字根的问题，这正如输入几个英文字母才能构成一个英文单词一样。

分解过程：是构成汉字的一个逆过程。当然，汉字的分解是按照一定的章法进行的，这个章法总起来就是：整字分解为字根，字根分解为笔画。

由字根组合的汉字叫合体字，它们的输入有两种：由至少四个字根组成的汉字依照书写顺序击入一、二、三、末字根；由不足四个字根组成的汉字按书写顺序依次击入字根后加末笔字型交叉识别码。

拆分"合体字"时，一定要按照正确的书写顺序进行。讲究"先左后右，先上后下，先横后竖，先撇后捺，先内后外，先中间后两边，先进门后关门"等。这些都是语文的基本知识，在拆字时，同样要注意书写顺序。

比如暂时的"暂"，可以拆分成"车、斤、日"，但不能拆分成"车、日、斤"。

暂
→ 暂 → 暂 → 暂 ✔
→ 暂 → 暂 → 暂 ✘

汉字的拆分原则是：取大优先，兼顾直观，能连不交，能散不连。

（1）取大优先："取大优先"，也叫作"优先取大"。按书写顺序拆分汉字时，应以"再添一个笔画便不能称其为码元"为限，每次都拆取一个"尽可能大"的，即尽可能笔画多的码元。

举个例子来说，"适"可以拆为"丿、古、辶"，还可以拆成"丿、十、口、辶"。哪一种是正确的呢？根据取大优先的原则，拆出的字根要尽可能大，而第二种拆法中的"十""口"两个字根可以合成为一个字根"古"，所以第一种拆法是正确的。

适 = 适 + 适 + 适 ✔
适 = 适 + 适 + 适 + 适

再比如除法的"除"，可以拆分成"阝、人、禾"，或拆成"阝、人、丿、木"。这时我们可以判断第一种是正确的，把"丿、木"合成为一个字根"禾"。

除 = 阝 + 除 + 禾 ✔
除 = 阝 + 除 + 除 + 禾

还有以下几个汉字，哪种拆分方法是正确的呢？

判 → 判 + 判 + 判 + 判
→ 判 + 判 + 判 ✔

草 → 草 + 草 ✔
→ 草 + 草 + 草

产 → 产 + 产
→ 产 + 产 ✔

（2）兼顾直观：在拆分汉字时，为了照顾汉字码元的完整性，有时不得不暂且牺牲一下

"书写顺序"和"取大优先"的原则，形成个别例外的情况。

　　比如：自己的"自"，可以拆成下面两种情况，根据直观性的原则，取第一种拆法。

$$自 \rightarrow 自 + 目 \quad \checkmark$$
$$\rightarrow 自 + 日 + 彐$$
$$丰 \rightarrow 丰 + 十 \quad \checkmark$$
$$\rightarrow 丰 + 丰$$

　　再比如丰收的"丰"字，也可以拆成两种情况，但第一种拆法更好一些。

　　按拆成的字根最少来看，"甩"字应拆成"月"和"乚"，"卡"字的第一种拆法中，"卜"和"一"应该合成为一个字根"上"，所以第二种拆法是正确的；"久"字的拆分，第一种应该是正确的，因为第二种拆法把一横一折的笔画分开了。

$$甩 \rightarrow 月 + 乚 \quad \checkmark$$
$$\rightarrow 几 + 一 + 乚$$
$$卡 \rightarrow 卡 + 十 + 卜$$
$$\rightarrow 卡 + 卜 \quad \checkmark$$
$$久 \rightarrow 久 + 久 \quad \checkmark$$
$$\rightarrow 久 + 人$$

　　（3）能连不交：当一个字既可拆成相连的几个部分，也可拆成相交的几个部分时，我们认为"相连"的拆法是正确的。因为一般来说，"连"比"交"更为"直观"。请看以下拆分实例：于：一十（二者是相连的）、二丨（二者是相交的），丑：乙土（二者是相连的）、刀二（二者是相交的）。

$$于 \rightarrow 于 + 于 \quad \checkmark$$
$$\rightarrow 于 + 于$$
$$开 \rightarrow 开 + 开 \quad \checkmark$$
$$\rightarrow 开 + 开$$
$$天 \rightarrow 天 + 大 \quad \checkmark$$
$$\rightarrow 天 + 人$$

　　"午"字可以拆成两种情况，根据能连不交的原则，应该拆成"𠂉"和"十"，而不能把"十"这个相交的字根分开；"牛"也可以拆成两种情况，根据取大优先的原则，就该拆成"𠂉"和"丨"。

午 ➜ 午 + 午 ✓
　➜ 午 + 午
牛 ➜ 牛 + 午 ✓
　➜ 牛 + 午

（4）能散不连： 如果一个结构可以视为几个基本字根的散的关系，就不要认为是连的关系。例如：

占：卜 口 （都不是单笔画，应视作上下关系）

非：三 刂 三 （都不是单笔画，应视作左右关系）

总之，在五笔输入法中拆分应兼顾几个方面的要求。一般说来，应当保证每次拆出最大的基本字根，在拆出字根的数目相同时，"散"比"连"优先，"连"比"交"优先。

注意区分"未"和"末"字。

"末"和"未"，这两个字也都可以拆成"二、小"，或是拆成"一、木"，但我们规定，"末"字拆成"一、木"，而"未"拆为"二、小"，以区别这两个字。

未 ➜ 未 + 未 ✓
　➜ 未 + 未
末 ➜ 末 + 末 ✓
　➜ 末 + 末

【知识链接】 五笔字型编码规则歌诀。

五笔字型均直观，依照笔顺把码编；

键名汉字打四下，基本字根请照搬；

一二三末取四码，顺序拆分大优先；

不足四码要注意，交叉识别补后边。

【万能学习键 Z 的使用】

Z 键在编码中没派上用场，它被安排了一个重要的角色，做万能键使用。它可以代替任何一个未知的或模糊的字根、识别码。其功能与 DOS 命令中文件通配符"？"有些相似。

在五笔字型的汉字编码中，字母 Z 可以替代 A～Y 中的任何一个字根码或末笔字型识别码。对某个字根的键位尚不熟悉或者对某些字根拆分有困难时，可用 Z 键代替编码中的未知代码，这时系统将自动检索出那些符合已知字根代码的汉字，同时将这些汉字及其准确代码显示在提示行中。通过汉字前面的编号即可选择需要的汉字，否则当前提示行中的第一个汉字将是缺省选择。如果具有相同已知字根的汉字超过 5 个（提示行每次最多显示 5 个汉字），则可通过">"或"<"键向前或往回翻阅其他汉字，直到找到需要的汉字为止。

例如：假若想输入"煦"字，但记不清其中字根"勹"的代码，那么可输入 JZKO 这样的编码。此时提示行将显示：

五笔字型：JZKO　1.照 jvko　2.煦 jqko

只要按数字键"2"，即可在当前光标位置得到"煦"字。

若输入"ZZZZ"这个编码，则系统将把国标一、二级字库中全部汉字及其相应的五笔字型编码分组显示在中文提示行。

提示行显示的汉字自动按使用频度的高低次序排列，即按高频字、二级简码字、三级简码字、无简码字的顺序排列。因此也可以通过 Z 键查阅某个汉字是否存在简码。

用"Z"键也可以查询二根字或三根字的识别码。例如汉字"京"和"应"的字根编码（YI）相同。若想知道它们各自的末笔字型识别码，可键入"YIZ［空格］"。这时提示行将显示：

五笔字型：YIZ　1：就 yi　　2：京 yiu　　3：应 yid　　4：谞 yie　　5：谠 yip

拆字是阻碍打字的准确性与速度的关键，是一只真正的拦路虎。这个问题如果解决得不好，就会在非常顺畅的打字过程中因为碰到难打的字而突然卡壳，产生停顿，而只要稍作停顿，最后录入速度就会成倍下降。

拆字的过程其实就是一个对汉字进行拆解的思维过程。因此，只有拆解汉字的思维顺畅，心想手动，才能真正达到打字的高境界。这里有一个很重要的原则，就是拆字的准确率要在 98%以上才能上机练习，否则，宝贵的上机时间花在拆字上是很不值得的。现在可以进行自我测试一下，你对字根口诀能脱口而出吗？看到一个字是否要想一想如何拆字根而不是马上伸手击键呢？没有经过大量的纸面拆字练习，是永远不能有效地提高五笔输入技能的。

考一考：判断以下汉字的拆分，哪种方法是正确的。

夷=一+弓+人　　　　东=七+小

夷=大+弓+丶　　　　东=十+木

缶=𠂉+山　　　　勿=勹+彡

缶=𠂉+十+凵　　　勿=彡+刁

丑=刁+土　　　　非=三+丨+丨+三

丑=刀+二　　　　非=三+川+三

美=䒑+土+大　　　乘=禾+丬+匕

美=丷+王+大　　　乘=丿+十+丬+匕+人

【任务介绍】　熟悉拆字方法。

【任务要求】

（1）熟记字根；

（2）输入要求100%正确，做到先准确再提速，不能急于求成。

【训练内容】 拆分汉字，熟记字根，提高录入速度。

（1）超过四个码——"截"

凡是字根表中没有的汉字（即"表外字"或"键外字"），在拆成单个字根之后，可以在键盘上找到这些字根，依次按键，把字拼合起来，从而就完成"输入"了。

不管多么复杂的字，不管拆出多少个字根，我们只要输入它的4个字根，就能够得到一个唯一性很强的"编码"。既然"编码"是唯一的，那么，只要让它对应你"要"的那个字就行了，这就好像给人起名字一样。

所以，五笔字型对拆分结果规定：

凡是超过4个的，就截；凡是不足4个的，就补，叫作——"截长补短"。

将汉字拆分之后，字根总数多于4个的，我们叫作"多根字"。对于"多根字"，只按拆分顺序，取其第一、二、三以及最后一个字根，俗称"一二三末"，其余的字根全部截去。例如：

攀：木 乂 乂 手　　蹙：立 早 夂 心

爨：亻 二 冂 火　　鼺：丿 目 田 一

蔼：艹 讠 日 乙　　瑜：王 人 一 刂

（2）刚好四个码

刚好由4个字根构成的汉字，叫作"四根字"，其取码方法，也即输入方法是：依照书写顺序把4个字根取完。例如：

规：二 人 冂 儿　　书：乙 乙 丨 丶

两：一 冂 人 人　　笔：竹 丿 二 乙

照：日 刀 口 灬　　统：纟 亠 厶 儿

（3）不足四码 ——"补"

"五笔字型"编码的最长码是4码，凡是不足4个字根的汉字，规定字根输入完以后，再追加一个"末笔字型识别码"，简称"识别码"，这样，就使两个字根的汉字由2码变成3码，三个字根的汉字由3码变成4码。

"识别码"是由"末笔"代号加"字型"代号而构成的一个附加码。例如（带括号的那些笔画或字根即为"识别码"）：

汉：氵 又　　 [丶]　　字：宀 子　　　[二]

中：口 丨　　 [川]　　华：亻 七 十 [刂]

团：囗 十 丿 [彡]　　府：广 亻 寸 [氵]

加入"识别码"后，仍然不足4个码时，还要加打一下空格键，以示"该字编码结束"。

以上各字的"识别码"是怎样产生、如何使用的呢？

教材提供了部分常用字、难拆字的拆分示例，拆字练习要完全脱离上机环境，因为其中我们把键名字根、成字字根、各级简码、全码字全部混在一起，旨在看字拆字，目的主要是练习拆字，熟悉字根，不是为了输入。真正到上机输入时，许多字可用一级简码、二级简码或三级简码打出，许多句子以词组分解输入，总之可用最少编码打出。

1．部分难拆汉字结构拆分示例

字					字					字				
且	月	一			生	丿	㇀			禹	丿	口	冂	丶
丹	冂	二			我	丿	扌	乙	丿	乏	丿	之		
舟	冂	土			毛	丿	七			风	几	乂		
内	冂	人			舌	丿	古			多	夕	夕		
里	日	土			午	丿	十			亡	亠	乙		
串	口	口	丨		长	丿	七	丶		州	丶	丿	丶	丨
申	日	丨			币	丿	冂	丨		北	㇀	匕		
禺	日	冂	丨	丶	身	丿	冂	三	丿	良	丶	彐		
见	冂	儿			臾	白	人			产	立	丿		
千	丿	十			兔	㇆	口	儿	丶	义	丶	乂		
丢	丿	土	厶		鸟	勹	乙	一		户	丶	尸		
垂	丿	一	艹	士	久	夂	丶			俄	亻	丿	扌	丿
天	丿	大			升	丿	廾			彐	乙	丨	厂	
壬	丿	士			秉	丿	一	彐	小	肃	彐	小		
重	丿	一	日	土	毛	丿	二	乙		臧	厂	乙	厂	丿
央	冂	大			囱	丿	囗	夕		发	乙	丿	又	丶
早	日	十			斥	斤	丶			隶	彐	水		
兔	㇆	口	儿		角	㇆	月	丨		辰	厂	二		
千	丿	十			匈	勹	乂	凵		万	厂	乙		

熏	丿	一	四	灬	恼	忄	文	凵
物	丿	扌	勹		产	立	丿	
段	亻	三	几	又	才	十	丿	
秉	丿	一	彐	小	再	一	冂	土
皋	白	丿	十		市	亠	冂	丨
尺	尺	、			丙	一	冂	人
尹	彐	丿			束	一	口	小
出	凵	山			术	木	、	
疋	乙	止			来	一	米	
发	乙	丿	又	、	巫	工	人	人
叉	又	、			甘	艹	二	
丑	乙	土			习	乙	一	
飞	乙	冫			幽	幺	幺	山

戌	厂	一	乙	丿
咸	厂	一	口	丿
甫	一	月	丨	、
东	七	乙	八	
戈	七	丿		
匹	匚	儿		
瓦	一	乙	、	乙
匹	匚	儿		
戒	戈	廾		
于	一	十		
妻	一	彐	止	
丞	了	口	又	一
书	乙	乙	丨	、

2. 部分常用字拆分示例

无	二	儿			百	厂	日			戒	戈	艹	
可	丁	口			不	一	小			死	一	夕	匕
未	二	小			牙	匚	丨	丿		于	一	十	
井	二	刂			歹	一	夕			与	一	乙	一
考	土	丿	一	乙	爽	大	乂	乂	乂	夷	一	弓	人
事	一	口	彐	丨	屯	一	凵	乙		元	二	儿	
再	一	冂	土		击	二	三			开	一	丿	

正	一	止			甘	廿	二			友	厂	又		
下	一	卜			辰	厂	二			占	卜	口		
末	一	木			成	厂	乙	乙	丿	甩	月	乙		
韦	二	乙	丨		甫	一	月	丨	丶	县	月	一	厶	
才	十	丿			东	七	小			册	冂	冂	一	
丐	一	卜	乙		匹	匚	儿			巾	冂	丨		
吏	一	口	乂		瓦	一	乙	丶	乙	果	日	木		
来	一	米			页	厂	贝			史	口	乂		
世	廿	乙			太	大	丶			电	日	乙		
革	廿	十			少	小	丿			曳	日	匕		

3. 部分有代表性汉字拆分示例

的	白	勹	丶		肺	月	一	冂	丨	畅	日	丨	乙	
是	日	一	止		噩	王	口	口	口	矗	十	目	十	目
为	丶	力	丶		载	十	戈	车		癫	疒	十	目	贝
有	厂	月			甘	廿	二			锻	钅	亻	三	又
用	用	丿	乙	丨	逐	豕	辶			蛾	虫	丿	扌	丿
动	二	厶	力		释	丿	米	又	丨	脯	月	一	月	丶
等	竹	土	寸		段	亻	三	几	又	瘊	疒	亻	一	大
还	一	小	辶		摆	扌	四	土	厶	凰	几	白	王	
期	廿	三	八	月	鲍	ケ	一	勹	巳	箕	竹	廿	三	八
或	戈	口	一		春	三	人	白		窦	宀	八	十	大

感	厂	一	口	心	厨	厂	一	口	寸	督	上	小	又	目
服	月	卩	又		锄	钅	月	一	力	镀	钅	广	廿	又
寨	宀	二	刂	木	雏	勺	ヨ	亻		端	立	山	厂	刂
编	纟	、	尸	廿	储	亻	讠	土	日	断	米	乙	夂	
废	广	乙	丿	、	垫	扌	九	、	土	顿	一	屮	乙	贝
柴	止	匕	木		淀	氵	宀	一	止	铎	钅	又	二	丨
谗	讠	ケ	口	氵	爹	八	乂	夕	夕	蹼	口	止	广	又
颤	二	口	口	贝	谍	讠	廿	乙	木	垛	土	几	木	
徜	彳	小	门	口	叠	又	又	又	一	堕	阝	厂	月	土
畅	日	丨	乙		鼎	目	乙	厂	乙	俄	亻	丿	扌	丿
巢	巛	是	木		锭	钅	宀	一	止	鹅	丿	扌	乙	一
炒	火	小	丿		董	艹	丿	一	土	伐	亻	戈		
彻	彳	七	刀		栋	木	七	小		罚	四	讠	刂	
撤	扌	二	厶	夂	卑	白	丿	十		播	扌	丿	米	田
晨	日	厂	二		悲	三	刂	三	心	博	十	一	月	寸
龇	止	人	凵	匕	鼻	丿	目	田	廾	薄	艹	氵	一	寸
城	土	厂	乙	丿	鄙	口	十	口	卩	簸	竹	艹	三	又
乘	禾	丬	匕		毕	匕	匕	十		步	止	小		
惩	彳	一	止	心	飚	几	乂	火	火	裁	十	戈	二	
骋	马	由	一	乙	斌	文	一	弋	止	瘰	广	丿	目	匕
黯	四	土	灬	日	濒	氵	止	小	贝	餐	卜	夕	又	

盎	门	大	皿		秉	丿	一	ヨ	小	残	一	夕	戈	
傲	亻	圭	勹	攵	禀	二	口	口	小	藏	艹	厂	乙	丿
奥	丿	冂	米	大	拨	扌	乙	攵	丶	糙	米	丿	土	辶
耙	三	小	巴		饽	饣	乙	十	子	策	竹	一	冂	小
掰	手	八	刀	手	滚	氵	六	厶		插	扌	丿	十	白
版	丿	丨	一	又	裹	二	日	木		搭	扌	艹	人	木
棒	木	三	人	丨	酣	西	一	艹	二	饥	饣	乙	几	
饱	饣	乙	勹	巳	憨	乙	耳	攵	心	鸡	又	勹	丶	一
峰	山	夂	三	丨	寒	宀	二	刂	丷	基	艹	三	八	土
俸	亻	三	人	丨	韩	十	早	二	丨	既	ヨ	厶	匚	儿
敷	一	月	丨	攵	衡	彳	饣	大	丨	教	圭	勹	攵	
兔	勹	丶	乙	几	概	木	ヨ	厶	儿	嫁	女	宀	豕	
赋	贝	一	弋	止	皆	匕	匕	白		缄	纟	厂	一	丿
丐	一	卜	乙		或	戈	口	一		浇	氵	七	丿	儿
晓	日	七	一	儿	货	亻	七	贝		诫	讠	戈	艹	
茂	艹	厂	乙	丿	烤	火	土	丿	乙	齿	止	人	凵	
戈	戈	一	乙	丿	渴	氵	日	勹	乙	警	艹	勹	口	言
拣	扌	七	乙	八	恐	工	几	丶	心	寐	宀	乙	丨	小
降	阝	夂	匚	丨	冠	一	二	儿	寸	蜜	宀	心	丿	虫
疆	弓	土	一	一	款	士	二	小	人	蔑	艹	四	厂	丿
遗	口	丨	一	辶	廊	广	丶	ヨ	阝	默	四	土	灬	犬

践	口	止	戈		籁	竹	一	口	贝	匦	匚	艹	厂	口
犟	弓	口	虫	丨	瑰	王	白	儿	厶	蚕	一	大	虫	
康	广	ヨ	水		例	亻	一	夕	刂	蔫	艹	一	止	灬
谨	讠	廿	口	圭	励	厂	厂	乙	力	扭	扌	九	力	
舅	臼	田	力		炼	火	七	乙	八	攀	木	乂	乂	手
龃	止	人	凵	一	馒	夂	乙	日	又	抛	扌	九	力	
聚	耳	又	丿	水	戒	戈	艹			买	乙	丶	大	
勘	艹	三	八	力	傻	亻	丿	口	夂	以	乙	丶	人	
魂	二	厶	白	厶	剩	禾	丬	匕	刂	凸	丨	一	冂	一
捕	扌	一	月	丶	拜	手	三	十		遇	日	冂	丨	辶
特	丿	扌	土	寸	身	丿	冂	三	丿	片	丿	丨	一	乙
夜	亠	亻	夂	丶	报	扌	卩	又		满	氵	艹	一	人
姬	女	匚	丨	丨	饮	夂	乙	夂	人	成	厂	乙	乙	丿
既	ヨ	厶	匚	儿	曳	日	匕			鬼	白	儿	厶	
行	彳	二	丨		助	月	一	力		励	厂	厂	乙	力
末	一	木			范	艹	氵	巳		呀	口	匚	丨	丿
凹	几	冂	一		练	纟	七	乙	八	核	木	亠	乙	人
离	文	凵	冂	厶	未	二	小			甚	艹	三	八	乙
揍	扌	三	人	大	途	人	禾	辶		睿	卜	冖	一	目
紫	止	匕	幺	小	窗	宀	八	丿	夕	铲	钅	立	丿	
啄	口	豕	丶		衰	二	口	丨		倏	亻	丨	夂	犬

赘	圭	勹	攵	贝	蹋	口	止	日	羽	菽	艹	上	小	又
挚	扌	九	丶	手	贰	弋	二	贝		苏	艹	力	八	
乘	禾	丬	匕		锅	钅	口	冂	人	湍	氵	山	厂	
嚏	口	十	一	止	秒	禾	山	夕		望	亠	乙	月	王
整	一	口	小	止	棘	一	冂	小	小	偎	亻	田	一	
箴	竹	厂	一	丿	笺	竹	戈			霞	一	弓	人	
疹	疒	人	彡		拣	扌	七	耳		夷	一	弓	人	
匾	匚	丶	尸	艹	魁	白	儿	厶	十	盈	乃	又	皿	
辩	辛	讠	辛		瞒	目	艹	一	人	饫	夂	乙	丿	大
策	竹	一	冂	小	戕	乙	丨	厂	戈	毡	丿	二	乙	口
瘪	疒	丿	目	匕	绒	纟	戈	厂		肇	丶	尸	攵	丨
戗	乙	丨	厂	戈	蜿	虫	宀	夕	已	鸠	一	儿	勹	一
窍	宀	八	工	乙	瘟	疒	又	丶	虫	震	雨	厂	二	
禽	人	文	凵	厶	戍	厂	一	乙	丿	州	丶	丿	丶	丨
倾	亻	匕	厂	贝	筵	竹	丿	止	廴	翻	丿	米	田	羽
盛	厂	乙	乙	皿	鼹	白	乙	氵	女	疗	疒	了		
释	丿	米	又	丨	鼠	白	乙	氵	乙	蜈	止	人	凵	
随	阝	厂	月	辶	遗	口	丨	一	辶	觐	廿	口	圭	儿
糖	米	广	彐	口	鹰	广	亻	亻	一	蚝	虫	丿	二	乙
韬	二	乙	丨	白	蝇	虫	口	日	乙	蛳	虫	丿	一	丨

技能 3.3　五笔单字录入训练

【训练指导】

● 一级简码
● 二级简码
● 三级简码
● 四级简码
● 识别码

【训练目标】　通过本训练，掌握字根的盲打输入技能。

国标一、二级汉字共计 6763 个，其中最常用的有 1000～2000 个。为提高汉字输入速度，五笔字型采用简化取码的方式，将大量的常用汉字输入码进行了简化。经过简化后，汉字输入码只取其全码的前一个、前两个或前三个字根码，称为简码。利用简码输入汉字可使击键次数大大减少，从而大幅度提高汉字录入速度。

定义了简码的汉字称为"简码汉字"。简码汉字共分三级，即一级简码汉字、二级简码汉字和三级简码汉字。简码的级数越低，则汉字的使用频率越高。

五笔字型把使用频率最高的前 25 个汉字称作一级简码汉字，其编码长度是 1（不包括空格键）。能否熟练输入一级简码汉字，是决定打字速度的重要因素之一。

同步训练 3.3.1　一级简码

【任务介绍】　熟记 25 个一级简码

【任务要求】

（1）指法正确，盲打；

（2）输入要求 100% 正确，做到先准确再提速，不能急于求成。

【训练内容】　对五笔录入一级简码的输入进行训练。

一级简码：在五个区的 25 个位上，每键安排一个使用频率最高的汉字，成为一级简码，即前面介绍的高频字。这类字只要按一下所在的键，再按一下空格键即可输入。一级简码字见表 3.2。

表 3.2　一级简码

一地在要工　上是中国同　和的有人我　主产不为这　民了发以经

我 Q	人 W	有 E	的 R	和 T	主 Y	产 U	不 I	为 O	这 P
工 A	要 S	在 D	地 F	一 G	上 H	是 J	中 K	国 L	
	经 X	以 C	发 V	了 B	民 N	同 M			

【提示】　用一级简码编的句子：

在中国，工人和地主是不同的；经我同以，民工上了工地；我要发了！在我国这一主要工地上有的产不了。

同步训练 3.3.2　二级简码

【任务介绍】　熟记常用二级简码汉字的录入。

【任务要求】

（1）指法正确，盲打；

（2）输入要求 100%正确，做到先准确再提速，不能急于求成。

【训练内容】　对五笔录入二级简码的输入进行训练。

二级简码：共 588 个，占整个汉字频度的 60%，只打入该字的前两个字根码再加上空格键。例如：

吧：口巴　（23，54，KC）　给：纟人　（55，34，XW）

五于天末开	下理事画现	玫珠表珍列	玉平不来与	屯妻到互二
寺城霜载直	纱继综纪弛	进吉协南才	垢圾夫无坎	增示赤过志
地雪支三夺	大厅左丰百	右历面帮原	胡春克太磁	砂灰达成顾
肆友龙本村	枯林械相查	可楞机格析	极检构术样	档杰棕杨李
要权楷七革	基苛式牙划	或功贡攻匠	菜共区芳燕	东芝世节切
芭药睛睦盯	虎止旧占卤	贞睡肯具餐	眩瞳步眯瞎	卢眼皮此量
时晨果虹早	昌蝇曙遇昨	蝗明蛤晚景	暗晃显晕电	最归紧昆呈
叶顺呆呀中	虽吕另员呼	听吸只史嘛	啼吵喧叫啊	哪吧哟车轩
因困四辊加	男轴力斩胃	办罗罚较边	思轨轻累同	财央朵曲由
则崭册几贩	骨内风凡赠	峭迪岂邮凤	生行知条长	处得各务向
笔物秀答称	入科秒秋管	秘季委么第	后持拓打找	年提扣押抽
手折扔失换	扩拉朱搂近	所报扫反批	且肝采肛胆	肿肋肌用遥
朋脸胸及胶	膛爱甩服妥	肥脂全会估	休代个介保	佃仙作伯仍
从你信们偿	伙亿他分公	化钱针然钉	氏外旬名甸	负儿铁角欠
多久匀乐炙	锭包凶争色	主计庆订度	让刘训为高	放诉衣认义
方说就变这	记离良充率	闰半关亲并	站间部曾商	产瓣前闪交
六立冰普帝	决闻妆冯北	汪法尖洒江	小浊澡渐没	少泊肖兴光
注洋水淡迷	沁池当汉涨	业灶类灯煤	粘烛炽烟灿	烽煌粗粉炮
米料炒炎迷	断籽娄烂定	守害宁宽寂	审宫军宙客	宾家空宛社
实宵灾之官	字安它怀导	居民收慢避	惭届必怕愉	懈心习悄屡
忱忆敢恨怪	尼卫际承阿	陈耻阳职阵	出降孤阴队	隐防联孙耿
辽也子限取	陛姨寻姑杂	毁旭如舅九	奶婚妨嫌录	灵巡刀好妇
妈姆对参戏	台劝观矣牟	能难允驻驼	马邓艰双线	结顷红引旨
强细纲张绵	级给约纺弱	绿经比		

同步训练 3.3.3 三级简码

【任务介绍】 熟记常用三级简码汉字的录入。

【任务要求】

（1）指法正确，盲打；

（2）输入要求 100%正确，做到先准确再提速，不能急于求成。

【训练内容】 对五笔录入三级简码的输入进行训练。

国标一、二级字库规定有 3755 个一级汉字，其使用频度最高。在这 3755 个一级汉字中，三级简码字占 2211 个，而且另有 617 个汉字的全码本身只有三码（绝大部分 3 个字根的汉字都是三级简码），因此剩余的需要四码方能输入的一级汉字其实只有 800 个左右。而这 800 个汉字的使用频度相对较低，若能记住其中自己常用的四码字，其余多数汉字按三级简码输入，即可迅速提高汉字录入速度。

三级简码输入方法：依书写顺序输入前三个字根码再加空格键。例如：

华：全码：人七十＝（34 55 12 22, WXFJ） 简码：人七十（34 55 12 WXF）

【提示】 由于二级简码数量不多，故要求记忆第一，练习第二。而三级简码较多，所以学习掌握三级简码时要训练第一，适当记忆。

琳霸震栽霖	磊硅奔柑桂	椅棋禁某森	苔莽芋硅磊	唱莫辕坷棵
埋桔柯枷勒	晶茵蛙蜡蛔	哇呵咖品咽	模畦架磕颧	哥菲蔓喷荔
颗曝啡嘲嘻	鄙器喳嘶噶	嘿畸罪距罩	瑞坦填帆踩	蚌盅苦横周
项布辐吊帅	碍埋颧啡楔	凸量梧坷哉	非桔柯枷若	哩咽咖畦架
堪磕畸盎别	柄蚕曹喘串	醋碘碉顶垛	剁而贰辐幅	赴副赋嘎埂
贺磺蛔惠碱	荐践荆跨眶	喇辆帽瞄囊	虐嵌融瑞珊	砷师是硕嗣
碳踢吞蜗吴	武晤厦吓咸	厢醒需勋芽	蚜焉盐研椅	英硬映盂虞
芋越酝匝再	栅战趾峙瓣	阁算片赣蛙	岳许缸柱措	首闸疼担微
箍攘拳病乓	闱新敌垂辫	椰爷揖以抑	意翼荫饮印	迎咏永优忧
薪政诸栏操	桥御幸舞店	特碧摆奢碑	癌蔼摆斑班	梆碑笨鼻碧
蓖蔽币闭辩	秤病帛裁材	操策插差拆	冲畴幢簇磋	搓措担德敌
掂店凋掉调	跌董豆堵睹	短盾蛾峨矾	诽蜂峰逢覆	盖搞稿搁巩
拐捍杭乎话	徊凰谎箕疾	挤简减槛讲	轿谨靳境咎	矩攫菌咯考
拷课坑吭筐	捆搪括辣啦	蓝栏拦谰揽	擂梨犁莉丽	痢撩撂临凛
捋路赂略谩	棉描蘑抹蔟	谋牧闹诺哦	啪帕排畔乒	培赔砰啤拼
坪苹瓶评菩	旗乾堑蔷橇	桥乔圈拳壤	嚷攘擅墒晌	奢身诗拭噬
试首寿兽暑	税撕算损蓑	檀谭特疼图	团蜕托唾往	微瘟熏舞雾
误晰牺橄席	喜峡夏羡箱	襄详响哮晓	笑挟谢薪新	芊星幸许压
衙讶谚痒医	禹语御岳阅	咱暂赃乍诈	摘斋樟酌杖	帐账哲者蔗
振征政症证	质种重诸拄	著柱蛀筑桩	装撞捉着族	醉尊柞拐先

彤歔脯哎锻　价玖萝艳众　铅欧钞斧贿　嚼讽将肺崔　均兢崩觅砍
暖殉爽鲜舆　园裔般赵铸　琢秦豺卵拳　远壳容炳哎　鞍舫袄奥澳
佰搬般伴榜　膀棒磅镑傍　滂襄薄宝暴　鲍爆杯倍焙　崩甫进敝鞭
贬便标膘彬　滨摈兵丙锻　段堆哆俄筏　阀番烦泛肺　酚焚枫锋疯
讽奉否肤扶　符涪福甫抚　俯釜斧脯腑　府傅胙腹富　咐钙刚钢岗
价歼柬箭件　剑僵将浆蒋　浆奖蕉椒礁　焦浇嚼铰狡　揭截洁藉芥
襟锦兢竟揪　萝逻锣笔落　洛蛮茫锚铆　镁昧萌蒙檬　盟梦醚觅幂
免棉描藐螟　鸣铭蘑抹沫　漠寞谋牧穆　呐钠奈闹淖　腻镍柠狞拧
泞脓浓暖糯　诺哦欧殴偶　沤啪趴帕排　湃派攀盘畔　乓旁胖膀袍
跑呸胚培赔　佩砰棚硼膨　鹏捧碰啤痞　片漂拼频乒　坪苹瓶评铺
莆葡菩谱瀑　郧憎辗展障　怔拯忠昼瞩　专转拙茁总　隅鸳怨院悦
孝恩廖嘱隘　氨昂懊邦苞　怠辟饼拨勃　怖苍肠郴臣　诚吃迟齿楚
屿郁苑郑毛　蕊房抿扭书　苦恬乌戊拟　屈函悉伺侯　芒辑塌囤胞
雹抱遍埠沧　滁除础疮创　淳存撮耽氮　惮蛋荡帖殿　叼碟蝶谍鼎
懂恫陡读墩　吨敦惰扼饿　范饭房氛愤　俘浮附疙隔　棺馆龟柜郭
邯涵悍郝号　阂哼恒喉吼　厚候忽护沪　慌恍恢饥辑　悸假郊阶烬
尽局拒据锯　惧炬剧倔凯　刻窟夸筷快　惺憬愧篱厉　璃恋聊廖窿
隆陋炉鹿陆　戮履虑孪乱　迈芒盲茂锰　泌密眠抿悯　陌氖脑恼馁
拟逆碾钮炮　泡陪匚烹霹　僻聘屏祁起　启迄汽枪抢　呛禽情邱屈
趣缺饶扰孺　乳阮蕊萨瑟　陕慎施虱蚀　恃蔬疏赎属　刷司伺似耸
怂溯隋随隧　崇态汤陶惕　慢篓屉屠拖　椭瓦危韦惟　苇伟尾蔚慰
握钨乌污戊　息悉犀隙暇　险想巷孝写　卸邢性匈羞　戍恤旋汛讯
逊迅奄扬疡　逊迅奄扬疡

同步训练 3.3.4 **四级全码**

【任务介绍】 熟记常用四级全码汉字的录入。

【任务要求】

（1）指法正确，盲打；

（2）输入要求100%正确，做到先准确再提速，不能急于求成。

【训练内容】 对五笔录入四级全码的汉字进行训练。

　　熟悉一、二、三级简码之后，才涉及四级全码的学习。一般来说，一篇文章中四级全码所占的比例很少，可少用些时间来学习。

辈蠕匮墓暮　募薯噪唬帖　韭槽帧厨型　删堤垣蠹墟　露橱勤题贵
丰苕蹿酣韩　幕耐醛桐躁　崖域砸撰追　氧耀吟泳悠　犹游愚愿怎
痘痹捶颤端　蔑墙善筹献　养篮鸦抓赌　雕捌街射甥　甜署牲徘蜘
躲筒跃牌躺　痹智嗅喊矫　稗蹭蝉颤痴　掣酬稠筹犊　蹲躲缺罐监

街靠篮酶蓑　摸摹摩牌抨　撇瓢筛射甥　牲柿嗜酞躺　蹄筒颓循鸦
雅养跃攒咋　蜘智州两锄　锤锺幌傲豹　踩搀猖唇搭　舰爹资猪鸽
埔鸥俞躯斯　薛彪烈播澜　漾逾熬傲捌　稗堡豹蹦逼　痹弊彪鳖濑
搏膊擦猜踩　蹭搽察搀蝉　颤猖常敞掣　趁橙澄痴酬　稠筹锄穿船
捶椿唇蠢茨　蹿淬搭戴袋　诞捣道盗蹬　登颠滇靛淀　雕爹侗洞逗
痘犊赌端蹲　遁躲额遏藩　樊敷袱腐糕　歌鸽割羹梗　毡肇甄蒸掷
命翻孩咳撰　俺饱壁扁憋　荒慧讳惑稽　翘窍氰惹煸　朔穗愚愿肇
褐撬恰耀氧　阜废鸟励惋　兜酵炼垮郸　鹅舒掘您鄂　馋畅惩传醇
戳词聪葱郸　都顿钝堕鹅　恶鄂翻孵阜　该感港跪亥　憨含撼憾核
褐患荒慧讳　惑稽拣饺教　酵竭踞掘咳　恐垮廓懒炼　馏颅卖脉氓
寐猛蜜命慕　捻念懦篇偏　泼黔颦惹韧　甚盛饰舒戍　朔塑穗踢毯
烫舔臀挖豌　惋望违围尉　呜熄邪酗掩

同步训练 3.3.5　识别码

【任务介绍】　理解在五笔字型编码中为什么需要"识别码"。

【任务要求】

（1）学会使用"识别码"；

（2）能迅速、准确地判断出识别码。

【训练内容】　学会使用"识别码"。

使用五笔字型输入汉字时，除了输入字型代码，有时还需输入"末笔识别码"。五笔字型编码方案把这两种代码（代号）合二为一，以末笔代号为区号，字型代号为位号，构成"末笔字型交叉识别代码"。末笔为横、竖、撇、捺、折这五种笔画，字型代号三类，一类是左右型，一类是上下型，一类是杂合型，如表 3.3 所示。

表 3.3

笔　画	代　码	左右型（1）	上下型（2）	杂合型（3）
横	1	11 G	12 F	13 D
竖	2	21 H	22 J	23 K
撇	3	31 T	32 R	33 E
捺	4	41 Y	42 U	43 I
折	5	51 N	52 B	53 V

在键盘上显示的键位如图 3.3 所示。

左右型和上下型汉字好把握，左右型汉字分成一定距离的左右部分或左右三部分，上下型汉字分成一定距离上下两部分或上中下三部分，杂合型汉字稍微复杂一些，即整字的各部分之间不能明显地分隔为上下两部分和左右两部分，包括外型汉字和各部分之间的关系是包围与半包围的关系。

W	最后一笔为撇，杂合型 E	最后一笔为撇，上下型 R	最后一笔为撇，左右型 T	最后一笔为捺，左右型 Y	最后一笔为捺，上下型 U	最后一笔为捺，杂合型 I	O
S	最后一笔为横，杂合型 D	最后一笔为横，上下型 F	最后一笔为横，左右型 G	最后一笔为竖，左右型 H	最后一笔为竖，上下型 J	最后一笔为竖，杂合型 K	L
X	C	最后一笔为折，杂合型 V	最后一笔为折，上下型 B	最后一笔为折，左右型 N	,	.	

图 3.3

例如：

字	字　根	字　根　码	末　笔	字　型	识　别　码	输　入　编　码
苗	艹田	AL	一	上下	12F	ALF
析	木斤	SR	丨	左右	21H	SRH
灭	一火	GO	丶	杂合	43I	GOI
未	二小	FI	丶	杂合	43I	FII
迫	白辶	RP	一	杂合	13D	RPD

对识别的末笔，这里有两点规定，规定取被包围的那一部分笔画结构的末笔。

（1）所有包围型汉字中的末笔，规定取被包围的那一部分笔画结构的末笔，例如："国"其末笔应取"丶"，识别码为43（I）；"远"字末笔应取"乙"，识别码为53（V）。

（2）对于字根"刀、九、力、匕"，虽然只有两笔，但一般人的笔顺却常有不同，为了保持一致和照顾直观，规定凡是这四种字根当作"末"而又需要识别时，一律用它们向右下角伸得最长最远的笔画"折"来识别，例如："仇"代码为34、54、51，"化"代码为34、55、51。

1．无简码的二根字

正麦青弗幻　　走井击元未　　声去云套奋　　页故矿泵万　　杆苦草苗艺
卡里旱足吗　　固回连岩见　　千自利备血　　冬看牛迫气　　把逐伍什企
余位仅杀讨　　床访应京壮　　兰状头章问　　疗油粒农异　　改尺飞孟孔
召隶她奴幼　　乡纹弄吾盍　　歹玛圭卉刊　　雷坝坊垃亏　　厌硒夯矽丈
辜尤厄码枉　　弘栈杜栖栗　　杠朴杏贾枚　　柏杉粟札匡　　甘戎戒昔茧
匣芹艾匹汞　　巨芯节卓旺　　旦晒冒申蛊　　旷蚊蚂曳吐　　咕吠叮叭邑
困轧贱冉巾　　败岁冈丹笺　　壬秆午舌叉　　香笛秃舟乏　　乞私笆皇丘
扛皂扯拍拥　　扒斥泉扎肚　　肘肪孕舀仁　　仕付伏伐仆　　佣父仿仔仓
仇仑句钾铀　　钡铂勿钥锌　　毋勾庄讪驰　　齐卞吝库庙　　讥亢哀亦户
亡亨玄羊闲　　丫音闽闸闷　　闯疤浅尘汗　　汗沽汇泪汕　　沂汐洱汝粕
宋冗穴宰刁　　眉忻翌屎尿　　忌孜耶奸尹　　刀丸圣驮驯

2. 输入下列无简码的三根字

封场奇厘植　　唯置圆待等　　告彻程推抗　　住今触剂市　　美判单润悟
阻剥刑敖琼　　赶坤坍霍绣　　奎砧厕酥配　　朽蕾芜葫茄　　恭荀芦荤虏
虾蛆晾蛹吁　　呕哭啄岸贼　　贴屹徒秸廷　　刮辞臭卤秧　　筋愁捂挂拜
皋拈爪捏皑　　扦卑誓掠拌　　抉拂腮债佳　　伎仗倡仲仟　　仰佯岔忿昏
钟钒狲锈狄　　卯钓钧饯刨　　饵诚旅讫谁　　讹诣庐谆豪　　肩诀扇忘妄
诵系闱痔眷　　眷翔羝羌酋　　疟童剖兑彦　　阁凉瘴洼酒　　湘泄涅溅尚
沃雀渔涧忍　　漏粪炯烂礼　　怯惜悼惶翟　　惊忙买屑坠　　聂君恳妒

技能 3.4　五笔词组录入训练

【训练指导】

- 二字词组
- 三字词组
- 四字词组
- 多字词组

【训练目标】 通过本训练，掌握词组的录入方法。

虽然掌握了打单字的规则就可以录入所有汉字了，但为了加快打字速度，可以在打字过程中养成打词组的好习惯，这样打字速度才有可能达到每分钟 60 个字。建议五笔初学者先去练习打单个汉字，然后再看下面的规则。

提示：包含一级简码的词组容易出现的问题。

由于一级简码大家打得比较多，所以输入包含有一级简码的词组大家容易出现一个问题，有些朋友容易把一级简码跟它的全码搞混淆，在所有词组规则中所说的第一或第二字根都是指汉字全码的第一或第二字根，跟一级简码没有任何关系！举例说明如表 3.4 所示。

表 3.4

词 组 举 例	五笔字根正确拆分	五笔字根错误拆分	正确的五笔编码	错误的五笔编码
我们	丿 扌 亻 门	我 我 亻 门	TRWU	QQWU
以为	乙 丶 丶 力	以 以 为 为	NYYL	CCYL
这里	文 辶 日 土	这 这 日 土	YPJF	PPJF
不要	一 小 西 女	不 不 要 要	GISV	IISS

同步训练 3.4.1　两字词组

【任务介绍】 认识二字词组的输入方法及重要性。

【任务要求】

（1）掌握记忆二字词组的方法；

（2）了解二字词组输入的一些特例。

【训练内容】 学会使用二字词组输入方法提高录入速度。

双字词的编码为：分别取两个字的单字全码中的前两个字根代码，共四码组成。

例如："天空"，"天"拆分为"一""大"两个字根，"空"拆分为"宀""八""工"三个字根，分别取这两个字的前两码"一大宀八"，就形成了"天空"这个词组的编码"GDPW"。

双字词组练习

只能	服从	现代	原则	夫妻	寻找	引导	必然	下降	只好	时间	提高	打字	水平	平时	学生
及格	困难	变成	检查	注册	认可	表明	你们	水平	关联	成就	如实	报答	社会	当然	高度
肯定	成果	果然	夺取	当代	能手	名义	历史	保护	良好	纪录	录入	汉字	最多	天下	闻名
记忆	方法	实际	并且	学习	紧张	过度	南北	方向	出入	安全	全部	顾客	安心	学会	机械
原理	从此	提高	进步	明显	表示	关心	心思	采取	客观	能量	分析	力争	达到	加强	好多
乐观	呈现	四面	风光	办公	计较	得失	年轻	必然	生成	吸引	全面	协商	部长	给与	高度
计划	另外	管理	事业	前景	职称	之后	业务	约定	明天	协商	比较	充分	各方	由于	作业
较多	细节	仍然	吸收	科学	条理	扩充	极限	人才	考核	技术	探讨	可以	工厂	美国	电脑
公司	创建	竞争	激烈	今天	开发	重要	改革	多年	部门	制度	进行	取得	一定	成绩	秩序
伯乐	方法	改变	贡献	风气	正确	合理	公开	几年	实践	暴露	确定	体现	平等	原则	员工
感情	难免	先生	时常	最大	缺陷	没有	规定	明确	指标	很多	评语	只能	随着	社会	市场
经济	体制	建立	不能	形势	迫切	要求	法制	科学	根据	企业	素质	标准	规定	明确	指标
事实	定性	结合	分析	考察	企业	从而	达到	目标	设计	方面	情况	工艺	爱国	爱情	帮忙
帮助	表达	表格	表面	表明	表示	表现	表演	表扬	博士	薄理	不错	不管	不过	不仅	不能
不然	不如	不是	不要	不用	才能	裁判	采访	采取	彩电	参观	参加	参展	厂长	场合	超过
陈述	成本	成长	成功	成果	成绩	成立	成熟	成为	承包	承认	城市	城乡	城镇	出版	出产
出厂	出口	出来	出名	出纳	出勤	出去	出入	出身	出生	出世	出台	出席	出现	出于	出租
除外	春秋	磁盘	聪明	存储	存放	存款	存贮	达到	大胆	大地	大夫	大海	大会	大家	大量
大脑	大小	大型	大学	大约	大专	胆量	到达	到来	地点	地方	地理	地面	地皮	地球	地铁
地址	东北	东边	东部	东方	东西	动脉	动物	动员	队伍	对称	对付	对面	对外	对象	对于
对照	夺取	而且	二月	范围	防止	防治	非常	厘米	奋斗	丰收	奉献	否定	否认	否则	夫妻
服从	服务	附近	附属	干部	干活	干净	赶快	感动	感激	感觉	感情	感谢	革命	革新	更加
工厂	工程	工地	工夫	工会	工具	工人	工商	工事	工业	工资	功夫	功课	功率	功能	攻关
攻击	恭喜	巩固	共建	共同	共享	贡献	孤立	古代	股份	股票	股市	鼓舞	故事	故乡	故障
顾客	顾问	观点	观看	观念	观众	规定	规范	规格	规矩	规律	规模	规则	规章	过程	过错

过渡 过后 过去 函授 欢乐 欢喜 欢迎 还要 还有 环境 黄金 或许 或者 获得 获奖 获胜
基本 基层 及格 及时 嘉奖 艰苦 艰难 降价 胶卷 脚步 教材 教程 教练 教师 教室 教授
教学 教训 教育 阶段 阶级 节目 节日 节省 节约 节奏 截止 理想 进步 进口 进去 警察
敬礼 静止 巨大 开放 开会 开始 开心 开学 考察 考核 考虑 考勤 考试 考验 克服 劳动
老师 老实 理论 理由 历来 历年 联合 联欢 联接 联络 联网 联系 联想 了解 零件 隆重
垄断 陆地 落成 落后 落空 落实 马路 马上 矛盾 茅盾 面积 面临 面前 某地 某时 某些
某月 某种 耐心 耐用 南北 南方 难办 难道 难得 难点 难度 难过 难说 难题 难听 难忘
能否 能够 能力 能量 欧洲 培训 培养 培育 朋友 聘任 聘书 苹果 破坏 期间 期限 欺骗
其次 其他 其它 其中 起来 起立 切实 勤奋 勤劳 青春 区别 区分 区域 趋势 取代 取得
取消 确定 确认 确实 荣获 荣誉 若干 三月 散步 散文 甚至 声音 声誉 胜利 盛大 十分
十月 石油 世纪 世界 示范 事件 事实 事物 事业 速度 随便 随时 随着 台湾 太阳 态度
天空 天气 天然 天下 通告 通过 通俗 通信 通讯 通用 通知 土地 脱离 万元 威力 违约
卫生 卫星 未能 无论 无数 无私 无限 五月 下边 下列 下午 夏季 夏天 现金 现实 现象
限度 限止 项目 形成 形容 形式 形势 形象 形状 幸福 须知 需求 需要 压力 压迫 压缩
牙齿 研究 阳光 药材 药品 也是 也许 一般 一点 一定 一共 一起 一切 一些 一月 一直
一致 医生 医学 医药 医院 医治 艺术 阴谋 英雄 英勇 英语 盈利 营业 勇敢 用法 用功
用途 用心 尤其 友好 友谊 有关 有理 有利 有名 有时 有无 有效 有益 有用 又是 又要
右边 于是 予以 预备 预料 预习 元旦 原来 原因 原则 远方 远近 院长 院校 愿意 月份
运算 运行 运用 再见 在职 增大 增多 丈夫 真实 真是 真正 事情 整理 整齐 整天 正常
正规 正好 正确 正如 正式 政策 政府 政治 支持 支票 支援 直达 直到 职称 职工 职能
职位 职务 职业 职责 至此 至今 至于 逐步 逐渐 专家 专利 专门 专心 专业 专用 子女
子孙 走路 阻力 阻止 左手 左右 珠算 平面 平原 平均 平静 平常 平时 平凡 平安 平等
平衡 平方 珍贵 珍惜 珍重 素质 互相 班车 虚实 皮肤 肯定 上下 上来 上班 上学 目光
上层 目的 目标 上述 上午 目前 上课 步骤 叔叔 步伐 战士 战争 战斗 睡觉 眼睛 眼前
具有 此外 此刻 江南 江河 满足 江山 港币 满意 治理 治安 治疗 汉语 汉族 法院 法规
法治 汗水 法则 法制 法庭 清理 清洁 清晨 清早 清凉 波动 小学 小心 小组 小说 消防
消耗 消灭 水平 消毒 水泥 水电 消息 消费 温暖 温度 湿度 学院 学历 学习 学业 学校
学籍 学问 演说 深夜 光荣 光明 光线 当成 当然 当今 兴奋 举行 流通 流水 注重 注意
液体 浪费 最大 最小 最少 最初 最多 最后 最近 最先 最新 最好 最佳 最低 坚定 紧张
明显 里面 时间 时刻 日期 日常 日报 日记 电大 电压 电脑 电流 电视 晚上 星期 昨天
昨晚 照顾 照样 中期 中专 中央 器材 兄弟 听说 呼吸 只有 因素 因此 团圆 国际 国家
车票 四面 四月 四周 驾驶 回去 加强 思考 软件 困难 轿车 图像 同志 同时 同意 由于
风险 风格 网络 内存 内部 收藏 收获 收取

提高综合练习

工期　工艺　工区　工匠　工友　工厂　工地　工场　工夫　工事　戒严　工具　工龄　工党　工时　工业
戒烟　工农　工钱　匿名　工兵　工本　式样　工程　工种　工委　工装　工商　工资　工段　工会　工件
工作　工分　工人　工序　节能　节奏　节目　节水　蒸汽　节省　节日　蒸发　节制　蒸气　苗壮　节余
节俭　节约　节育　茅台　茅屋　茅盾　期限　苦难　欺骗　基础　茂盛　基地　若干　期刊　甚至　基于
项目　基点　期满　勘测　若是　其中　基因　基层　苦恼　基数　茂密　其实　勘察　其他　项链　基金
勘探　基本　期待　期间　苦闷　其次　甚好　基建　其他　期货　勘误　基调　期望　藏族　斯文　散布
菜场　散步　散发　散装　菜刀　散会　散件　散文　某某　甘草　蒜苗　芙蓉　甘蔗　鞋子　甘愿　某月
某地　甘露　勒索　某事　某些　某时　鞋帽　甘心　鞋袜　著名　鞭策　某种　鞠躬　著称　革新　甘肃
革命　某个　某人　七月　七一　巧遇　苹果　戈壁　葬礼　七律　巧妙　七绝　邪恶　牙齿　雅兴　雅量
邪路　牙刷　卧室　卧铺　邪气　鸦片　牙膏　邪说　雅座　菠菜　茫茫　东欧　东面　落成　落地　落款
东南　荡漾　范畴　范围　东边　东风　落实　落空　茫然　落后　东西　落选　东部　东北　范例　薄弱
东京　东方　萌芽　草鞋　草药　莫大　草地　蓝天　蓝图　草图　草帽　草案　蓝色　慕名　幕后　募捐
草拟　摹仿　草率　勤劳　勤奋　或者　或是　勤勉　勤务　勤恳　勤俭　或许　功臣　功劳　莲花　苏联
功能　功夫　功勋　蔑视　功名　荔枝　苗条　苗头　功效　功课　苏州　功率　英勇　英雄　英寸　贡献
黄河　英明　恐吓　巩固　英国　恐慌　恐怖　恐惧　恐怕　英尺　黄色　英名　黄金　英镑　英杰　英姿
英俊　英语　英亩　英豪　蔬菜　巨著　蔚蓝　巨大　世面　世故　世袭　世态　巨型　世事　巨响　世界
巨额　蔚然　艺术　世间　世俗　世纪　巨变　世族　劳工　劳苦　蒙蒙　荣获　蒙蔽　蒙古　蒙眬　劳动
营救　荣幸　荣耀　荣誉　蒙昧　劳驾　劳力　劳累　劳改　营业　劳模　营长　营私　营利　劳务　营养
劳资　荣立　营建　营房　芝麻　蒙族　警戒　区划　葡萄　菊花　获取　警卫　欧阳　敬爱　获胜　区域
敬献　敬酒　欧洲　区别　警惕　警察　敬礼　警钟　警句　殴打　匹配　区长　警告　敬重　获得　警备
区委　欧美　敬意　获奖　获准　欧姆　敬佩　敬仰　区分　苛刻　医药　医院　攻克　攻击　董事　攻占
医治　医学　医嘱　攻打　攻势　医护　医术　医生　医务　医科　医疗　攻关　萎缩　攻读　菩萨　薪水
薪金　切切　切磋　切断　切割　切实　切身　萧条　切记　苍茫　恭敬　茶花　芬芳　苍劲　共有　共存
共用　共需　共进　恭喜　共事　茶具　巫婆　苍蝇　莅临　茶叶　共鸣　恭听　恭贺　共同　花朵　共性
茶馆　苍白　茶杯　共处　共和　共商　共建　恭候　恭维　共享　茶座　蕴藏　药品　药材　蕴含　药费
药店　药房　药方　芳菲　芦苇　蘑菇　芳龄　蔗糖　芳香　蓄意　蓄谋　陈列　陈旧　陈述　陈设　子孙
子宫　子弟　子女　子弹　取胜　取消　取得　取决　取代　聚集　取缔　堕落　堕胎　随时　承办　承包
随后　承担　陌生　随身　堕入　随着　随意　随即　承建　随便　承诺　承认　阴阳　阴险　阻碍　阴历
阴云　阴雨　阻击　阴天　阻止　阴沉　阴暗　阴影　阻力　阴性　阻塞　阻挠　阻挡　阻拦　阴谋　陵墓
陆地　陵园　陆军　陆续　耳环　耳目　卫星　耳朵　隔壁　隔断　卫兵　陕西　耳机　卫生　耳闻　隔阂
隔绝　隔离　耳语　耻辱　孙子　逊色　函授　阳历　阳光　阳性　职工　职能　职责　职别　职员　职业
职权　职务　职称　职位　阵营　孟子　阵阵　阵地　阵雨　阵容　阵线　出工　出勤　出世　出院　出台

出厂 出面 聘用 出动 出去 出卖 出境 出于 出事 出现 出来 出游 出题 出路 出口 出国
出力 聘书 出发 出错 出色 出钱 出外 出名 出租 出生 出版 出身 出入 出差 出资 出产
出门 出嫁 聘任 出众 出售 出纳 出席 聘请 出庭 出诊 孔子 孔隙 也是 了解 也好 了望
也许 耿直 院落 院子 院士 辽宁 耽搁 院校 院长 辽阔 院部 耽误 隐藏 隐蔽 隐隐 聊天
隐瞒 隐晦 隐患 陷害 陶醉 隐私 陷入 陶瓷 隐含 隐约 聊斋 孤独 孤单 孤立 阿姨 降落
降职 隆隆 降压 降雨 降水 降温 降临 隆重 降低 降价 联营 联队 联欢 障碍 联邦 聪明
陪同 联网 联名 联播 联接 联想 联机 联系 隧道 联合 联贯 联结 联络 联席 限期 限于
限止 限量 限定 限额 限制 限度 除非 队形 附带 队列 除法 附注 队员 聆听 附加 附图
险峰 阶层 险情 附属 除外 除名 除夕 附近 队长 附和 队部 坠毁 附录 阶段 队伍 附件
阶级 附言 陛下 防范 孩子 防震 防止 防洪 防治 防潮 防汛 防火 防守 防空 孩儿 防护
防备 防御 防病 防疫 防盗 防线 防弹 戏院 驱逐 戏曲 戏剧 劲头 预期 预防 驰骋 预感
预支 预示 预考 预测 预演 预兆 柔软 预见 预展 豫剧 柔情 预习 予以 预料 预赛 预定
预审 骤然 预报 矛盾 预想 预知 预选 预告 预先 柔和 预备 预约 预计 预订 预言 骏马
骚动 又是 骚扰 又要 骚乱 参预 参观 骑马 参考 参政 参与 参战 参照 参加 参见 参展
参赛 参军 参看 参赞 参阅 参谋 通通 能耐 通用 能动 能干 勇士 通过 勇于 能否 能源
通常 能量 通畅 通电 通顺 通史 能力 通风 勇敢 能够 熊猫 勇猛 通报 勇气 能手 通栏
通知 通盘 通告 通行 通牒 通向 通称 通往 通病 通商 通道 通俗 通信 通令 通缉 通统
通讯 通话 对联 对面 圣地 对于 对流 圣贤 对照 对岸 对内 对外 对象 对换 对手 对抗
对敌 对待 对策 对称 对立 对门 对付 圣人 圣经 圣旨 对比 对话 对於 对方 台阶 驯服
台胞 台湾 台风 怠慢 台币 驯养 台北 骡子 骡马 劝告 劝说 观感 观点 观测 观赏 观光
观察 观礼 观看 观众 观念 观望 观摩 马匹 马达 马克 马列 马虎 马上 马路 马车 马力
巴西 巴黎 欢喜 欢呼 驳回 鸡肉 鸡蛋 欢迎 欢乐 驳斥 鸡毛 欢笑 欢送 驳倒 允许 牟取
骆驼 骄傲 艰苦 艰巨 艰险 艰难 艰辛 难受 难堪 难过 难点 难题 难听 难办 难民 难怪
验收 难以 难免 难看 验算 难处 难得 难闻 难关 难道 难度 难忘 难说 骗子 驻防 驻地
驻沪 驻足 驻守 驻军 驻华 驻京 左右 左面 砸碎 左派 左边 砸烂 厮杀 厮打 左手 左侧
左倾 顾及 厄运 顾虑 顾客 顾委 顾问 顾全 雄厚 友爱 友情 雄性 雄心 码头 雄壮 雄辩
友好 雄伟 友人 友谊 大臣 大陆 大队 大肆 大胆 大脑 大地 大雨 大专 大夫 大型 大致
大事 厌恶 大叔 大战 大小 大学 大海 大洋 大量 大路 大车 大力 大同 大局 大炮 大米
厉害 大家 大宗 大写 大军 大象 大多 大气 大批 大楼 大校 大概 大街 大笔 大半 大意
大部 大将 厦门 大妈 大姐 大嫂 大娘 大会 大使 大爷 大伯 大体 大众 大约 大庆 大衣
大方 有限 有用 有趣 有无 有幸 有理 有时 有力 有心 有数 有害 有名 有所 有机 有利
有关 有意 郁闷 有效 有益 有偿 有缘 有为 夺取 奔驰 夸大 奔腾 奔赴 砖瓦 奔波 夸耀
奔流 奔跑 压力 夺冠 压制 压迫 压抑 夺权 夺标 磕头 夺奖 压倒 奢侈 硅谷 压强 压缩
夸张 奔放 石匠 古董 古巴 石灰 石碑 厂矿 三月 威胁 感受 感动 厂址 古老 威武 威严

石油 感觉 感激 感染 厨师 感冒 感叹 石器 威力 古典 三峡 威风 威慑 感情 古书 感慨
石料 厂家 研究 三角 研制 感想 石板 厂长 古籍 古物 石头 古装 厂商 三好 古代 硬件
古人 威信 硬度 研讨 厂主 感应 威望 厨房 古迹 石膏 感谢 硬座 古文 破获 在职 破除
丰硕 存在 丰厚 丰碑 破碎 丰采 存款 破坏 夏天 在于 破灭 破裂 破旧 在此 丰满 夏日
存贮 在内 丰收 破烂 夏粮 在家 丰富 破案 丰年 存折 存档 破格 存根 夏季 在先 在前
在意 丰姿 破产 丰产 破例 存货 存储 契约 存放 在座 耕地 硝酸 耕种 耕作 悲观 非法
非常 非洲 百日 非凡 悲惨 悲剧 悲愤 百米 厘米 百家 百年 百般 百科 悲痛 悲壮 百姓
悲伤 百倍 百分 百货 鹌鹑 悲哀 右面 右派 右边 右手 右侧 右倾 右顷 奋勇 奋起 历来
奋战 历时 历史 奋力 历届 历年 历程 奋斗 历代 布鞋 布匹 面子 面孔 面对 页码 面貌
而且 耐用 面目 面临 布景 布置 布局 耐心 面料 布料 页数 面粉 面容 面色 而后 厕所
布告 面积 面向 面条 面前 面部 面交 布什 碉堡 尤其 成功 万世 万能 成对 盛大 成套
盛夏 尴尬 万丈 迈进 万元 成才 成都 盛开 成天 万一 万事 迈步 盛誉 万里 成果 成品
成员 成因 盛典 万岁 成败 盛情 万家 盛宴 成名 成年 成材 成本 成长 盛行 万籁 万物
盛装 盛况 成效 成亲 盛产 成立 成婚 万代 盛会 成全 成倍 万分 成人 成份 成绩 成熟
成语 成就 成为 万户 成文 盔甲 达成 达到 牵涉 牵连 牵制 碗筷 牵头 牵线 牵引 确切
确有 克服 确凿 确定 确实 克制 确立 确保 确认 确诊 原著 原子 原有 原故 原地 原封
原形 原理 原来 原油 原野 原因 原则 原煤 原料 原棉 原籍 原物 原稿 原状 愿意 原始
原价 愿望 原谅 奇异 奇怪 厅长 奇特 奇闻 奇妙 奇迹 故障 寿辰 帮助 故地 故土 故事
帮派 故里 寿星 故国 故居 帮忙 故宫 故意 寿命 故乡 磁场 磁带 磁力 磁性 磁针 辜负
磁铁 碰撞 磁盘 磁疗 磁头 磋商 肆意 春节 奉承 春联 奉劝 春耕 春雨 秦朝 奉献 春光
春游 泰国 泰山 春风 秦岭 春色 奏乐 春播 春季 奉行 春秋 奉送 泰斗 奏效 奉命 袭击
垄断 龙头 龙门 矿藏 矿区 太阳 硫磺 矿石 太原 太太 丈夫 碎裂 太平 矿山 矿业 太空
太后 硫酸 矿物 矿产 态度 朦胧 肛门 服用 服饰 乳牛 服气 服务 服装 孕妇 服从 乳房
肥大 肥厚 肥胖 肥沃 肥肉 肥料 肥猪 肥皂 盈利 肥瘦 盈余 须要 须知 月薪 豹子 朋友
月历 月刊 月球 貂皮 月光 月初 豺狼 月票 月息 月份 月终 月亮 月底 肚子 脖子 肝胆
膨胀 肝脏 肚皮 脚步 肝火 肝炎 肤色 肝癌 助工 助威 县城 助教 助理 悬殊 助学 助兴
县办 悬崖 悬空 悬挂 助手 县长 县委 肺病 肺部 县份 胆量 胆略 胆怯 胆识 股东 肌肉
股金 股票 股长 股息 股分 股份 股市 肠胃 受苦 爱慕 受聘 受骗 爱戴 受到 受理 逐步
逐渐 爱国 受累 受罚 受贿 爱惜 爱民 爱情 受精 受害 受审 爱抚 逐年 爱护 受奖 受益
爱好 逐个 受伤 爱人 胸怀 胸襟 胸部 脆弱 遥遥 遥远 脾气 遥控 采取 采矿 彩霞 彩虹
彩电 彩照 采购 彩灯 彩色 采集 采纳 采访 用功 用劲 胳膊 腹腔 胜地 用场 用于 用具
用法 腹泻 用时 用品 用力 胜败 胳臂 用心 胜负 用处 胜利 腹痛 用意 胜仗 胜似 用途
胜任 用语 用户 胜诉 脱节 胖子 脱险 腾腾 腾飞 腾空 胶印 脱稿 胶卷 脱产 脱贫 膳食
脱离 妥协 妥当 妥善 脸皮 脸色 脸盆 脂肪 脑子 肮脏 脑海 及时 脑力 脑炎 脉搏 及格

脏乱 脑筋 脑袋 脉络 栽培 截止 霸占 载波 栽赃 裁定 裁军 霸权 载重 栽种 堪称 裁判
裁剪 裁决 载体 地基 地勤 地区 地面 地震 地址 地雷 地形 地球 地下 地理 地带 地皮
地步 地点 地图 地名 地铁 地狱 地质 地势 地板 地毯 地委 地产 地段 地位 地线 地主
地方 动工 动荡 去世 支出 支队 动态 云彩 运用 翅膀 动脉 运载 运动 云南 去声 云雾
动静 运河 支流 云贵 动员 动听 动力 运输 支书 支援 动摇 支持 去年 支撑 运气 动手
支票 支配 动机 支柱 运行 运算 动身 动物 支委 运往 运送 支部 支付 动作 云集 运费
动词 震荡 城区 垮台 需用 震动 需求 城里 城内 震憾 震惊 城镇 震撼 城楼 需要 城关
城郊 城门 城建 城乡 城市 款式 款项 寺院 封存 封面 土地 土豆 土法 墙壁 土改 堵塞
填写 填补 填空 封锁 墙报 土木 款待 封闭 土产 封建 填充 土豪 封底 干劲 干预 十成
二月 十月 博爱 干脆 博士 二进 雨露 干事 干涉 雨水 博学 干活 干旱 博览 坏蛋 干燥
干扰 士兵 士气 干杯 干校 雨季 干部 干净 十倍 十分 干线 雨衣 超期 起草 真切 超出
起劲 直观 起码 直达 直爽 起用 超脱 超载 超支 越南 超过 越境 直到 真正 超速 起来
起点 超龄 起源 直觉 直流 赶紧 超时 真是 趣味 走路 超员 起因 直辖 越剧 超导 真情
赶快 起飞 真心 起家 赴宴 超额 真实 真空 直角 直播 直接 趋势 盐酸 真相 趁机 颠覆
颠簸 直径 真知 超重 超前 超产 起立 超群 颠倒 真假 赶集 超级 直线 真诚 起义 起诉
走访 示范 求职 未能 示威 求爱 求教 未来 求学 救济 救国 未必 救灾 未免 求援 救护
求知 求和 示意 未曾 未婚 示例 示弱 埋藏 埋葬 坦荡 进取 朝阳 进出 乾隆 进驻 进而
坦克 刊载 进去 乾坤 堤坝 朝霞 进来 进步 进餐 埋没 朝晖 进口 进展 进军 埋怨 坦然
朝鲜 朝夕 朝气 坦白 进行 进程 朝向 刊物 进入 埋头 进退 朝代 埋伏 刊登 进修 进货
进度 坦诚 坦率 喜欢 鼓励 喜爱 鼓动 喜事 鼓掌 鼓吹 露骨 喜剧 喜悦 嘉宾 吉祥 鼓舞
吉林 吉利 嘉奖 喜好 喜人 喜庆 喜讯 雷达 协助 雷雨 雷电 协力 协同 协定 雷锋 协和
协商 协会 协作 协约 协议 献花 南非 南面 南海 南昌 南边 南宁 献礼 南瓜 南极 献策
献身 南美 南部 南北 南疆 献给 献计 南京 献词 南方 专项 专著 专区 专职 场院 场面
志愿 专用 场地 专款 专刊 专场 专政 声速 违法 声学 霞光 声誉 声明 专题 专电 专员
声响 专车 韬略 专心 专业 专家 专案 违犯 违反 声援 亏损 专制 场所 声势 专栏 专长
专利 专程 志向 声称 专科 声符 声音 违背 专门 场合 专人 声母 违约 声张 卖给 声调
声望 专座 专访 赤子 赤字 赦免 赤道 赤诚 过节 过期 过硬 过去 过境 过于 过来 过滤
过渡 过时 索赔 过错 过后 过年 过程 过敏 过瘾 过问 过分 索引 过细 过度 无期 远东
无际 无耻 无聊 无限 无能 远大 无奈 无非 无故 无辜 无须 元月 无用 无不 无理 无赖
元素 无法 远洋 元旦 元帅 远景 顽固 无畏 无边 无力 远见 无愧 无数 元宵 无穷 无视
远销 无锡 均匀 元气 远近 顽抗 无机 无私 无知 远航 均等 远征 远处 远程 均衡 无关
无意 无效 元首 无益 无偿 元件 无从 顽强 无疑 无比 远离 无误 远望 无论 远方 考勤
考取 才能 考验 都有 考古 都城 才干 霉素 考虑 都督 老汉 老婆 教学 教师 老师 教员
教导 老家 教室 老实 考察 教授 老年 教材 考查 老板 都要 考核 才智 教程 教条 教养

老爷　才华　教练　老乡　考试　教育　考证　教课　教训　都市　增大　幸而　境地　幸运　垃圾　幸亏
丧事　增添　霎时　境界　增删　增收　幸福　幸免　增多　丧失　培植　增长　增生　培养　增产　增益
幸好　增值　增强　培育　培训　增设　雪茄　雪花　雪山　雪白　雪亮　规范　规划　零碎　夫妻　零点
零星　规则　规定　规模　堆栈　规格　规矩　规程　规律　规章　夫妇　替代　零件　零售　坟墓　形式
开幕　武艺　武警　开花　开除　形码　形成　形态　开采　开支　开封　刑事　武汉　刑法　弄清　开水
开学　武昌　武器　开车　武力　开办　开展　开辟　开发　开心　开业　武断　武官　形容　形象　开拓
形势　武松　武术　开往　开头　形状　武装　开阔　开端　开始　开垦　开刀　开创　开会　形体　开设
开户　开放　开朗　顿时　顿号　到期　致敬　致函　到达　到场　至于　到来　到点　至此　至少　致电
致力　到家　致富　至多　致辞　到处　致病　致意　到会　致使　至今　致词　到底　致谢　至於　天花
天地　天坛　天真　天才　天天　天下　天平　天涯　天堂　天河　天津　天时　天边　天山　天数　天灾
天空　天色　天然　天气　天桥　天生　天资　天体　天线　蚕丝　天文　青工　青菜　表功　表面　表达
青春　表态　表示　表露　青天　静静　表现　静止　表演　青海　表明　青蛙　静电　青山　表情　青铜
青岛　青年　表扬　表白　表哥　表格　青松　敷衍　表彰　表决　表妹　表语　琢磨　表率　球队　玩耍
玩弄　玩具　于是　球赛　玩笑　玩命　一切　一共　一阵　王码　一面　一月　五月　五脏　一起　一直
环境　一致　一下　一带　一再　一来　一点　一些　一举　一时　一旦　一早　五星　一味　一只　王国
一边　一周　一同　一心　一定　五官　五金　五岳　一手　五指　一样　一概　一般　一生　王牌　一向
一律　一半　一旁　一道　环保　一伙　五谷　一贯　一度　一齐　正式　正巧　正东　正职　下降　下马
下面　下达　正确　正月　下地　下去　下雨　正直　政协　正南　下场　正规　下列　下班　玻璃　正点
政治　政法　政党　正常　正派　下海　正当　下游　正是　下跌　正品　下边　正轨　政界　下周　政见
下属　正宗　政审　正视　下旬　正负　正气　政权　正西　下午　政策　政务　下笔　政委　下次　正北
正好　正如　正经　下级　下乡　正比　正统　正误　政变　正义　下放　政府　正文　不能　不对　不难
不顾　不大　还有　不成　还原　还须　不用　还需　不过　不幸　不平　不止　不满　还清　不觉　不当
不时　还是　不是　不易　不足　不只　歪曲　不同　还账　否则　歪风　不惜　不敢　不慎　不懈　不怕
不必　不断　不料　不宜　否定　不安　不容　不错　不然　不解　不够　不多　不久　还想　不可　不禁
还要　不要　不知　不行　不息　不利　不得　不管　不曾　还将　不准　不如　不妨　不仅　还会　不便
不但　不分　还价　不停　不比　还应　不许　不良　否认　不该　理事　理睬　理顺　更加　理由　理发
理解　更多　更换　理想　理智　理科　更新　更好　理应　理论　事项　豆子　副职　整套　噩耗　吾辈
速成　事故　事态　带动　逼真　副刊　整形　整顿　整天　整理　整整　带来　整洁　融洽　逗号　整风
事情　事业　整数　事宜　速写　事实　整容　带鱼　逗留　事后　整年　副手　副本　事先　事务　事物
带头　事前　事端　速决　速效　事例　整个　整修　事件　整体　融化　副食　整编　速度　整齐　副词
事迹　豆腐　速率　画面　画家　画报　现有　再三　现在　两面　现成　遭受　现款　瑞士　现场　两者
瑞雪　遭到　珊瑚　再现　刺激　现时　遭遇　两边　瑞典　再见　两性　现实　现钞　现象　现金　两年
曹操　两手　两样　现行　再生　再版　责备　现状　两间　两旁　再次　刺刀　现代　再会　两个　责任
现货　再度　瓦解　瓦特　与会　来函　严防　严厉　来历　恶霸　来到　严正　恶毒　来源　恶劣　亚洲

严明 来电 恶果 来临 来回 严峻 恶习 严寒 亚军 严密 来宾 来年 严禁 严格 晋升 严辞
严惩 严重 来自 来往 恶意 严肃 恶化 来信 严谨 灭亡 来访 烈士 歼击 死者 歼灭 残渣
遨游 残暴 列车 烈属 烈火 列宁 残酷 赘述 残疾 残忍 残余 列强 列席 残废 死亡 珠海
珠宝 珠算 碧绿 麦子 玫瑰 麦收 平台 平面 平原 平地 平坦 平均 平壤 平静 平整 平淡
平常 平时 平日 平易 平凡 平民 平局 平炉 平安 平等 平衡 平价 平房 平方 妻子 珍藏
珍珠 珍贵 珍惜 珍宝 珍视 珍重 素菜 毒草 互助 毒素 毒性 毒害 素质 素材 互相 素养
毒辣 斑马 玉石 斑点 玉器 班车 玉米 班机 班长 班次 斑痕 班组 虚岁 虚心 虚实 虚拟
虐待 虚假 虚伪 虚弱 虚词 皮革 皮肤 皮包 皮棉 皮毛 皮货 肯定 瞌睡 歧视 歧途 睦邻
上马 上面 上月 上去 上进 止境 上下 上来 上班 目睹 上学 目光 上海 上当 上涨 上游
上边 上周 上层 上司 上空 上旬 上报 目的 目标 上校 上述 上升 上午 上税 止痛 上头
目前 上帝 目次 目录 上任 上级 上衣 上课 步子 步骤 叔叔 步履 步兵 步枪 步行 频繁
频道 步伐 督促 频度 眺望 频率 卓著 桌子 卓越 桌椅 卓识 战友 占有 战胜 战士 战场
战壕 战果 战略 点心 战火 点燃 战争 战报 占据 战术 战船 战备 战役 点头 战斗 战况
占领 点缀 战线 瞩目 餐具 餐馆 瞻仰 餐费 睡眠 睡觉 眼下 眼睛 眼泪 眼光 眼力 眼界
眼神 眼色 眼镜 眼看 眼科 眼前 具有 齿轮 具备 具体 盼望 雌雄 此地 此致 此事 柴油
此时 雌性 紫色 此外 此后 此处 此刻 江苏 满面 满腔 泄露 江南 港元 港督 浇灌 江河
港澳 灌溉 满足 港口 满员 灌输 江山 满怀 泄密 港客 汇报 泄气 江西 灌木 港务 港币
满意 港商 渠道 满族 港府 池塘 治理 涌现 治学 治国 汉字 治安 治标 治本 渗透 治疗
治病 汉语 汉族 湖南 沥青 湖泊 尖锐 尖端 湖北 汲取 浮动 浮现 滔滔 浮浅 浮雕 淫秽
削减 肖像 削弱 污蔑 渎职 法院 污辱 尘土 污垢 法规 法治 汗水 潮湿 澎湃 污染 潮流
法国 潜力 法办 法则 法定 法宝 法官 法案 法制 法权 污秽 法律 潜伏 法人 法令 法纪
法语 法庭 法郎 法文 清除 清脆 清真 清朝 清静 清理 清点 清洁 清洗 汪洋 清澈 清晨
清明 清早 浅显 清晰 添置 清风 清官 滞销 清白 清扫 清醒 清查 清楚 清秀 清算 清香
清单 清净 清闲 清凉 清退 清贫 清华 清高 清廉 渺茫 小子 小队 小孩 涉及 波动 小型
小麦 波涛 婆婆 泪水 小学 波澜 沾染 波浪 小时 濒临 小路 小贩 小心 小米 涉外 小鸟
波折 波长 小商 小姐 波段 小组 小结 小费 波纹 小说 沙子 消除 消防 消耗 沙龙 沙土
消灭 水平 消毒 沙漠 沙滩 水泥 水电 水果 沙发 消炎 沙丘 消失 消极 消息 水利 水产
消退 水分 消化 消费 消磨 温柔 温存 瀑布 温带 漫画 漫漫 湿润 温暖 温习 温室 漫长
温和 温差 温度 湿度 渴望 渐进 渐渐 油菜 测验 没有 油泵 油布 油腻 沿用 油脂 尚未
油漆 沿海 测量 油墨 油田 没收 油料 测定 油印 沿着 沿途 沿线 测绘 测试 泥土 泥沙
漏税 淡薄 淡淡 淡季 淡化 学期 深切 沈阳 演出 学院 常驻 学友 常有 浓厚 深厚 学历
演奏 深受 常用 学士 深圳 掌声 学者 常规 沉静 党龄 学龄 学潮 深浅 沉没 常常 党派
深渊 溶液 演唱 沉默 深思 赏罚 赏赐 深山 党内 深层 觉悟 党性 学习 学业 常数 深究
觉察 溶解 党外 学报 堂皇 常年 学制 掌握 演播 掌权 学校 党校 学术 深长 学籍 党籍

深透 学徒 深造 学生 演算 深处 觉得 常务 深奥 深秋 学科 党委 常委 深入 沉痛 沉着
党章 学问 沉闷 学会 常任 学位 深化 深信 党组 学费 党费 党纲 浓缩 浓度 深度 演讲
党课 常识 深刻 演变 党旗 学说 演说 深夜 光荣 光芒 光阴 沟通 光顾 光彩 逃走 沟壑
汹涌 光泽 淘汰 泡沫 光滑 光学 光辉 光明 光电 光临 光景 逃跑 兆周 渔民 逃避 渔业
辉煌 渔船 渔产 光华 光线 光亮 激励 激动 激起 激烈 激素 浙江 汽水 汽油 激光 激昂
派遣 派别 汽车 激情 激发 汽船 派生 汽笛 激怒 激化 酒巴 酒厂 洒脱 河南 湘江 沐浴
河流 漆黑 酒类 渣打 酒杯 河北 酒会 酒店 漂亮 海鸥 洛阳 海防 海参 海面 海豹 海域
活动 省城 渊博 省事 海带 海上 海战 海港 海潮 洗漱 海水 泛滥 洗澡 活泼 海滨 洗涤
海洋 洗染 海湾 海浪 澳洲 海里 少量 海边 省略 海峡 海风 海内 少尉 省悟 洗刷 少数
海军 海鲜 海外 海鸟 海岛 海报 海拔 少年 洗手 劣势 少校 省长 省得 省委 海关 少将
海产 澳门 少女 少爷 省份 省级 海疆 涤纶 少许 省府 滚动 滚珠 润滑 滂沱 滚滚 滋味
滚蛋 滋补 滋长 洋人 洋货 当面 当成 当地 当场 当天 沼泽 当时 当日 当中 津贴 当局
当心 染料 当家 当初 染色 当然 当年 当选 当前 当即 当代 当做 当作 当今 举世 兴隆
兴奋 兴盛 兴致 澄清 沧海 脊梁 兴旺 举国 举办 涂改 举行 举重 脊背 兴建 举例 兴修
洽谈 溺爱 沸腾 涨价 浪花 洲际 游戏 流通 液压 游历 流域 流动 流露 济南 渡过 游玩
流速 流毒 注目 渡江 浪潮 流水 渡河 渡海 游泳 流量 浏览 游览 渡口 注册 游客 注视
注解 注销 注重 流利 流程 流血 注射 注释 注入 浪头 注意 流产 渡假 液体 游人 液化
浪费 流氓 澈底 游说 暴动 暴露 暴光 暴风 暴发 蜡烛 暴乱 暴徒 暴利 最大 最小 最少
最最 最初 最多 最后 最近 最先 最新 最好 最佳 最低 最终 最高 贤能 坚硬 贤慧 肾脏
坚韧 贤惠 紧紧 坚固 肾炎 坚守 坚定 紧密 坚实 紧急 坚持 紧缺 紧迫 紧接 紧凑 坚决
坚信 坚强 紧缩 紧张 晨光 晨曦 盟友 明确 明天 暖流 明明 暖昧 明显 明暗 明年 暖气
明白 暖和 明辨 明媚 明细 明亮 明朗 时节 时期 时髦 时辰 里面 野地 时速 野战 野餐
时常 时光 时兴 时时 里边 时局 野心 旱灾 野外 时钟 时势 时机 旱季 野生 里程 时差
时装 时间 野兽 时效 时代 时候 时分 时刻 野蛮 师范 师大 是非 旺盛 师专 晴天 是否
题材 师长 旺季 题辞 师徒 师生 师资 虾仁 师傅 师父 晴纶 量度 题词 量变 晴朗 早期
早茶 虫子 冒险 畅通 早春 冒进 早班 早上 早点 早餐 早晨 申明 冒昧 早日 早晚 冒号
早已 虫害 虫灾 早安 畅销 早饭 申报 早操 申斥 申述 早稻 早先 冒牌 早间 申辩 早退
早婚 早熟 申请 申诉 日期 日子 日历 昌盛 日月 日用 曝露 日元 日常 日光 日报 日后
日本 日程 日前 日产 日益 晶体 日记 日夜 日文 蜈蚣 蜗牛 曼谷 螺丝 螺纹 螺旋 遇险
遇难 愚蠢 愚顽 愚弄 遇到 愚昧 映照 愚味 遇见 愚民 映象 映射 愚笨 电工 电子 电阻
电能 电台 电码 电大 电压 电磁 电脑 电动 电场 电教 电表 电汇 电池 电源 电波 电流
电影 电路 电器 电车 电力 电网 电焊 电灯 电料 电炉 电容 电视 电镀 电报 电气 电机
电梯 电告 电疗 电站 电线 电缆 电讯 电扇 电话 电文 显著 显示 显现 显影 显然 显得
晕车 晚期 晚辈 晚霞 晚上 晚餐 昂贵 晚安 晚饭 晚报 晚年 晚间 晚婚 晚会 果子 果真

果品　果园　果敢　果断　果实　果然　果树　果木　星期　昨天　监督　临时　昨日　昨晚　蜘蛛　蟋蟀
鉴别　临界　星火　鉴定　蜂蜜　监察　监视　监狱　临近　监禁　晌午　临床　暗藏　蝉联　暗示　暗淡
暗伤　归功　归队　照顾　归于　归还　照旧　照常　照耀　照明　归国　照办　归属　归类　照料　归宿
昭然　照看　照抄　照相　归档　照样　照片　照射　照管　归并　归公　照会　照例　归侨　归纳　照应
昆明　昆虫　昆仑　影子　影院　蝙蝠　蚊蝇　影星　影响　影剧　影视　景色　景象　景气　影片　景物
影像　影集　哎呀　呕吐　叹息　顺利　顺便　顺序　吸取　吸毒　吸收　吸引　叶子　味精　鄙视　喷泉
叶片　喷射　嘲笑　味道　嗜好　号码　呈现　哽咽　呈报　号召　嘈杂　吨位　哺育　呈请　中期　中东
中医　中药　路子　跟随　贵阳　中队　跑马　忠厚　中原　跳动　遗址　跃进　中专　路过　足球　中毒
中肯　跑步　中点　中餐　中波　中学　中游　踪影　踊跃　跟踪　遗嘱　中国　中央　中山　中层　中性
中心　中断　中农　贵宾　贵客　忠实　踏实　中外　中旬　足够　中年　跳舞　中西　中校　中秋　跟着
跟前　遗产　中立　贵姓　遗体　路途　中华　路线　路费　中继　距离　忠诚　跳高　足迹　贵州　中文
吵架　哨兵　吵闹　呻吟　虽然　唱歌　唱片　虽说　串联　口腔　噪声　口才　器具　哭泣　口号　器皿
串连　口岸　器官　品质　口气　器械　器材　品格　品德　品种　口头　口音　口袋　器件　嚣张　口语
别墅　咖啡　咽喉　另外　别名　别扭　员工　呐喊　吊唁　勋章　叫喊　嘱咐　嘱托　叫做　喧哗　哆嗦
吹嘘　呜呼　史册　吹风　史料　吹捧　吹牛　兄长　兄弟　史诗　听取　啤酒　听见　听候　听任　听众
听信　听课　听话　听说　叮嘱　叮咛　吃苦　吃亏　呼吸　吃喝　吃力　吃惊　吃饭　响彻　咱们　响应
响亮　嘀咕　哪能　哪些　哪里　叨唠　哪怕　哪儿　哪样　哪个　唯恐　只限　只能　只顾　只有　只须
只需　唯一　只是　吩咐　吟咏　只见　只怕　唯独　只要　只得　只管　唯物　只好　吟诗　只许　咳嗽
轻工　轻声　轻型　轻易　轻快　轻视　轻松　轻重　轻微　轻装　轻便　轻率　因子　固有　因而　因故
固态　恩爱　罪恶　因素　因此　因果　恩赐　恩情　固定　恩怨　固然　罪名　罪犯　固执　罪状　固体
固化　罪证　因为　胃口　胃炎　胃酸　胃病　胃癌　罢工　园艺　围攻　罢了　围观　默契　转达　转用
转载　园地　转动　转正　转速　转眼　团龄　墨水　黑暗　团员　默默　团圆　围困　转帐　转发　转业
黑色　黯然　罢免　围拢　转换　转折　转播　围棋　黑板　园林　团校　团长　转告　转向　转移　团委
转入　团部　转交　转产　转录　团体　黑人　转化　围绕　团结　团费　转让　罢课　转变　默认　车工
国葬　国营　国际　车队　国防　车厢　辅助　国土　国都　国境　车夫　国王　车速　国画　车皮　国法
车辆　国力　车轮　国民　辅导　国情　国家　国宝　国宴　国军　国宾　国外　车票　国歌　国籍　国策
国务　国徽　车站　车间　车次　国产　国君　国会　国债　国体　国货　车费　畏缩　国庆　国语　国库
车床　国旗　四通　四面　四月　四肢　四声　四海　四川　四边　四周　四则　四角　四季　四处　四化
四方　加工　架子　驾驭　驾驶　回顾　回去　加元　圆规　圆形　加速　回来　加班　加上　圆满　加深
加紧　圆圈　圆周　加剧　回避　回忆　圆心　回家　加密　加急　回想　加重　回答　加入　加减　加仑
加强　男子　男孩　田地　田野　田园　男性　男儿　男排　田径　男生　田间　男女　男人　男方　轴承
思索　思考　思虑　思潮　思路　思惟　思想　思维　边区　边际　边陲　连队　边防　边远　边境　连连
边界　连同　连忙　连接　连长　边疆　连续　连绵　边缘　鸭子　罗马　罗列　逻辑　鸭蛋　软盘　软件
软弱　软席　软座　暂且　暂用　暂定　暂行　暂借　困惑　困难　困境　困扰　困乏　图示　图形　图表

图画 力学 力量 轿车 图书 图案 图解 图象 力争 力气 图样 图片 略微 图章 图例 图像
图纸 略语 圈子 圈套 较少 较量 较多 圈阅 较低 较高 轨道 轨迹 轮子 输出 界限 办事
办法 办学 轮流 轮换 轮船 输入 输送 办公 界线 轮廓 累赘 累加 累计 罚款 典范 曲子
曲直 典型 典礼 曲解 曲折 曲线 曲谱 邮政 邮电 邮购 邮局 邮寄 邮票 邮箱 邮资 邮递
邮件 邮费 凤凰 贻误 岩石 央求 崎岖 贿赂 岩层 盎然 骨干 崩溃 骨肉 骨气 骨科 骨头
周期 赌博 周刊 周到 财政 周末 周围 周岁 财富 周密 财贸 周报 周年 周折 财权 赌徒
财务 财物 雕塑 财产 财会 周全 雕像 财经 财主 雕刻 周率 同期 赋予 同感 同辈 同胞
同志 同一 同事 同步 同龄 同学 同盟 同时 同路 同居 同性 同心 同类 同名 同年 同样
同等 同意 同仁 同伙 同伴 峡谷 同化 同乡 贴切 帽子 贝壳 由于 由来 帐目 由此 帷幄
贴近 帐本 帆船 帐篷 幅度 帐户 崭新 删节 山东 山区 册子 删除 山脚 山腰 山脉 山地
山坡 山水 山沟 山河 山川 山冈 山峰 山岭 删改 婴儿 山势 山村 山西 山头 岗位 山谷
山庄 岂能 岂非 岂止 岂敢 凯歌 凯旋 贮藏 崇敬 贮存 崇拜 贮备 崇高 刚巧 风险 风骚
见面 岁月 风采 风云 风雨 风趣 风雷 风声 风霜 刚才 网球 风尘 风波 风沙 风湿 风尚
风光 风流 风暴 风景 风味 购置 风力 峥嵘 刚刚 购买 岁数 风灾 见解 风气 风格 风行
购物 见闻 赡养 风韵 见效 刚好 风俗 风华 刚强 网络 风度 见识 风扇 风靡 贩运 贩卖
败坏 几时 巍峨 败类 巍然 几年 几乎 贬值 贬低 几何 几度 赔款 赠送 赠阅 赔偿 内蒙
内陆 内参 内存 内脏 内地 内政 内战 肉眼 内涵 内心 肉类 内宾 内容 内外 内销 内行
内务 内向 内科 内部 内疚 内阁 内弟 内奸 内债 肉食 内线 赃款 凡事 凡是 嵩山 赃物
凡例 民工 民警 展出 异彩 民用 展示 展开 民政 懂事 展现 民法 异常 民盟 展览 展品
惜别 民办 异同 民情 慌忙 展销 民兵 民权 民歌 异样 慌乱 民航 懂得 民委 民间 民众
民主 展望 民族 异议 屈辱 屈服 敢干 敢于 敢想 敢做 怪事 惨遭 惨淡 惨案 怪物 惨痛
剧院 忧郁 剧烈 忧虑 居中 剧团 居民 剧情 居然 居留 剧本 恢复 忧愁 忧伤 居住 慰藉
慰劳 丑陋 导致 迅速 丑恶 导演 导游 导师 导电 愤愤 愤恨 愤慨 迅猛 导航 慎重 导向
慰问 层次 愤怒 导体 导线 导弹 导论 导言 情节 屋子 司马 刁难 情感 情愿 情形 情理
懒汉 司法 情景 懒惰 司空 情报 情操 司机 司长 情意 情况 怀念 司令 情绪 怀疑 情调
收藏 收获 收取 收成 收支 收到 收回 收购 惧怕 收发 收买 蛋类 蛋糕 收割 收容 收据
蛋白 收拾 收悉 收条 收税 眉头 收音 收益 收录 收件 收货 收费 收缩 收缴 悼词 悄悄
犀利 慢慢 慢性 避孕 避开 避免 譬如 惭愧 届时 局限 局面 书刊 快速 快餐 快活 快车
快慢 快乐 快报 局势 书本 局长 书籍 羽毛 局部 已婚 忌妒 尸体 已经 书店 书记 屡次
惋惜 愧疚 改期 改革 发出 性能 履历 发布 发达 必须 必需 改进 发型 发表 属于 改正
发现 发泄 发源 发觉 发光 发明 发电 性别 发回 发财 发展 发愤 性情 忏悔 发烧 发火
发家 必定 必然 发报 性质 发扬 发挥 发誓 发抖 发热 发票 发酵 性格 必要 发行 履行
改造 发生 发射 发愁 发稿 改善 改装 性病 发音 发问 发疯 必将 改建 性命 发作 发货
发信 改组 改编 发育 改变 发亮 发放 改良 发言 屏幕 屏蔽 悦耳 屏障 飞奔 买卖 飞速

习题 飞跃 憧憬 飞快 憎恨 习惯 飞舞 习气 飞机 飞船 飞行 飞翔 习俗 恰巧 惟恐 惟有
恰当 怜惜 愉快 怜悯 恰恰 戳穿 惟独 恰好 恰如 恰似 屁股 惯用 惯例 惊险 心愿 惊奇
忙碌 心肝 心肺 心肠 心爱 心胸 心脏 惊动 尺寸 惊喜 心坎 迟到 忙于 以下 心理 心事
以来 心目 心潮 心里 迟早 惊叹 心中 心思 尽力 惊慌 心情 慷慨 心神 迟钝 以外 以免
心急 以后 惊醒 忙乱 心得 心血 尽管 以往 心头 以前 心意 心疼 恼怒 心灵 以便 迟缓
心绪 惊讶 以为 惦记 惊诧 昼夜 烧鸡 煤矿 煤油 煤田 煤炭 炼钢 烧饭 炼铁 煤气 烧毁
粪便 类型 烦琐 糊涂 烦躁 类别 类同 烦恼 类推 烦闷 类似 粗暴 粗心 粗糙 粗鲁 粗犷
粗壮 粗细 精巧 精英 精子 精通 精确 精彩 精干 精致 糟蹋 精力 精髓 精辟 精心 糟糕
精密 精神 精锐 精选 业务 精简 精装 精美 业余 精华 业绩 精细 精度 精诚 精良 炒菜
爆破 爆发 爆炸 爆竹 炽热 烟草 烟台 烟灰 烟雾 烟叶 烟煤 烟囱 炯炯 灿烂 断定 断然
断送 断绝 火花 炎夏 火柴 火车 火焰 火炉 炎热 迷茫 迷惑 迷雾 迷惘 熔炉 熔解 迷失
迷人 熔化 迷信 迷恋 炊事 炊具 燃烧 燃料 炮兵 炮制 炮弹 灯具 灯光 灯泡 灯火 灯笼
炸药 熄灭 烙印 炸毁 炸弹 料理 糕点 烂漫 数目 数学 数量 数字 数据 数值 粉碎 粉刷
粉笔 炉子 煽动 粮油 糖果 糖精 米粉 米饭 粮票 粮棉 粮站 粮食 粮店 粮库 宽大 宽敞
宽慰 宽容 宽松 宽阔 宽余 宽度 宽广 字节 字形 字表 字号 字典 字帖 字句 字据 字根
字符 字音 字体 字母 字库 字义 寄予 宏观 寄存 宠爱 害虫 害怕 寄托 寄生 害处 寄送
害病 寡妇 寄信 寄费 寄语 农药 农历 家用 农场 农夫 家具 农活 家电 家史 农田 农民
家属 农忙 农业 农村 家长 农行 家务 家产 农会 家伙 家乡 农户 家庭 家畜 完工 守卫
赛马 完成 宗教 完整 完满 宗派 寒流 守则 寒风 完蛋 冠军 守护 完备 完税 完善 完美
寒冷 完好 完婚 完全 完结 宗旨 完毕 定期 写出 富有 宝石 宣布 定型 定于 定理 富丽
宣战 定时 宝贵 宝贝 定居 定局 定性 写字 宝宝 宇宙 定额 富裕 室外 宝钢 富饶 宣扬
宣誓 宇航 宣告 定向 宣称 定律 定稿 宣判 定单 定产 宣传 宝剑 写作 定位 定价 定货
写信 富强 宣读 宝库 定义 宣言 寂静 寂寞 审理 审定 审察 审批 审查 审校 审核 审稿
审判 审美 审问 宴会 宴席 审计 宴请 审讯 寓言 审议 宫殿 军工 军区 军医 军队 军用
军事 军龄 军团 军车 军民 军属 军火 军官 军权 军校 军长 军籍 军舰 军种 军备 军衔
军委 军装 军部 军阀 军人 军令 军费 军纪 军训 军方 冗长 密切 官职 密码 密布 蜜月
官腔 密封 官场 密电 蜜蜂 官员 官办 官司 寥寥 官兵 官气 官衔 密闭 官商 官僚 密件
密集 密度 密谋 官府 官方 灾区 灾荒 灾难 灾民 灾情 灾害 灾年 之一 之下 之上 之中
之内 之类 之外 之后 之前 之间 宛若 冤屈 冤案 冤枉 宛如 冤仇 牢骚 牢固 牢牢 宾客
宾馆 宾主 牢记 宁夏 宁愿 宋朝 宁静 宋平 宁肯 宁可 宋体 宋健 客观 客厅 客运 宪法
客车 额定 额外 宪兵 客气 客票 客栈 额头 客商 客人 客货 客店 客房 客户 初期 被子
袜子 裤子 实际 实验 实在 补助 被动 实干 补救 实惠 裙带 实现 袖珍 初步 实践 初中
实力 补贴 襟怀 实习 实心 实业 寝室 衬衫 被迫 衬托 实权 宰相 实物 初稿 实况 实效
实例 初级 补充 衬衣 初衷 初恋 实施 安葬 安静 安置 安慰 案情 安心 安家 安定 安危

安排 安息 安徽 安稳 安装 安全 案件 案语 安放 安详 窝藏 穷苦 宿营 窗子 窃取 空隙
突出 窗台 突破 容貌 空运 突起 突击 窝囊 空虚 空洞 容量 容易 窗口 突围 穷国 穷困
突飞 空心 空军 窗帘 突然 空气 空白 穿插 穿梭 空想 空头 空前 空闲 窍门 空姐 容忍
宿舍 穷人 容纳 窗户 突变 空话 它们 礼节 祖孙 社队 神通 神圣 祖辈 祝愿 神奇 祝寿
神态 礼貌 祈求 神志 神速 礼堂 祝酒 视野 礼品 社员 祖国 祝贺 神情 祸害 祖宗 视察
祝福 神色 礼拜 神气 社长 祖籍 福利 神秘 礼物 社交 福建 社会 神仙 祖父 神经 祖母
神州 福州 神话 社论 钳子 错觉 错误 迎面 迎春 凶恶 迎战 凶器 鸳鸯 迎风 迎宾 凶杀
凶狠 凶猛 凶手 迎接 迎新 勾通 色彩 色素 色泽 勾当 色情 色样 勾结 色调 危险 然而
危害 危急 然后 危机 危重 希望 解散 角落 解除 角逐 钥匙 角色 解释 解答 锄头 解剖
解决 角度 解雇 解放 解说 针对 镇压 镇静 镇定 针灸 针织 鲁莽 鲜花 鲜艳 印染 鲜明
鱼虾 鲜果 印鉴 钱财 印刷 印发 印数 鲤鱼 印象 钱票 鲜血 印章 鲜红 铺张 外出 外观
钻研 外面 外貌 外用 外地 外形 外表 外事 外来 外汇 外婆 外流 外电 外因 外围 外国
外边 外界 外宾 外销 外贸 外长 外籍 外行 外币 外科 外头 外部 外商 外交 外资 外伤
外线 外衣 外语 外调 外设 外文 乐队 乐观 乐趣 乐于 销量 销路 乐器 乐园 乐团 乐曲
钞票 乐意 销毁 销假 销价 销货 销售 象棋 象样 象征 名菜 名著 名茶 句子 免职 免除
勉励 名胜 名声 钟表 逸事 钟点 名堂 名酒 名誉 名贵 名册 钟情 名烟 锅炉 名字 名家
名额 名气 名牌 免得 名称 免税 逸闻 钟头 名单 免疫 名次 名优 名人 免费 勉强 名词
名义 名言 链子 链锁 负荷 铜矿 负载 钢琴 负责 铜器 负数 铅字 铅印 钢铁 负担 钢材
钢板 钢筋 钢管 铅笔 钢笔 铜像 负伤 钢丝 包工 饭菜 饺子 饭碗 饭厅 饮用 乌云 饱满
乌黑 包围 包办 饮料 饲料 包袱 饭后 包括 馆长 饲养 饭前 包产 包修 饮食 包含 饭店
包裹 包庇 金工 金黄 金子 金矿 多彩 金融 多少 金星 金刚 金属 多数 金额 金色 金鱼
金钱 金银 多久 多年 金杯 多么 金牌 多种 金币 金笔 多半 多次 匈奴 钦佩 多余 金价
铭记 多变 多谢 铁匠 铁矿 铁路 铁器 铁轨 匆忙 忽然 匆匆 铁钉 铁树 锦标 铁道 锦绣
锦纶 铁证 锦旗 钉子 刹车 杀害 刹那 杀伤 儿子 夕阳 狭隘 犹豫 独裁 猛增 犯规 猛烈
犯法 猜测 犯罪 狂风 狭窄 猛然 狡猾 狼狈 独白 狂热 猜想 狼籍 独自 独特 儿科 犯病
独立 犹如 儿女 独创 犯人 狂妄 狭义 镜子 锐气 锐利 镜头 锐意 银幕 急切 银子 争取
争夺 银矿 争胜 急需 急于 急速 争光 银河 急流 急电 急躁 争吵 争鸣 银川 急剧 急忙
争气 银白 争执 争权 键盘 银行 急病 争端 急促 急件 急诊 争论 争议 欠妥 欠款 欠帐
锻炼 欠安 铃铛 欠缺 锻造 欠条 欠债 卵子 留职 留存 留成 留用 久远 留学 贸易 留影
岛屿 留心 鸟类 留名 镀金 镀锌 留校 留美 留意 卵巢 镰刀 留任 留念 久经 留恋 留底
留言 搭救 摸索 撒野 描图 描写 搭配 描述 措辞 撕毁 拒绝 描绘 撒谎 措施 报刊 报考
报到 报表 拙劣 摄影 报国 报导 报社 摄氏 报销 报名 摄制 报批 报酬 报告 报复 报务
拙笨 报答 报送 报道 报偿 摄像 报纸 报废 反攻 反共 瓜子 把戏 反对 反驳 反感 反而
反面 反动 反击 反正 反常 反省 抬举 反映 瓜果 反响 返回 反思 反悔 反之 返销 反馈

把握 反抗 返航 摊牌 反复 反向 反叛 抬头 摊商 反帝 返修 瓜分 反华 返乡 反比 掩蔽
排队 排除 振奋 振动 排球 排列 排泄 振兴 拜见 排字 掩饰 扼杀 拜拜 拜年 拜托 掩护
拓朴 扼要 排长 扰乱 排版 翱翔 掩盖 拜会 振作 拜谢 拜访 授予 拥有 援助 拥戴 援救
摇晃 援外 扔掉 摇摆 拥抱 拥护 摇篮 援引 技工 技巧 技艺 技能 挂历 质量 挂帅 拷贝
持久 抚摸 扶持 技校 技术 挂靠 挂牌 抚养 质问 持续 遁词 质变 质询 后期 后勤 捕获
丘陵 后面 兵士 抨击 后者 后天 后来 后果 兵团 后边 兵力 后悔 捕鱼 抹杀 捕捞 捷报
捕捉 捷径 兵种 后头 搏斗 皇帝 后退 岳父 岳母 后方 看出 牛马 扑克 年月 牛顿 看到
年青 看来 年龄 看法 年轻 爬山 看见 牛肉 看书 看守 年初 年报 年年 看待 年头 看病
牛奶 年代 看做 年会 看作 年份 年级 年纪 年终 年度 看望 年底 抄袭 撑腰 挑战 泉源
泉水 抄写 抄报 挑拨 搅拌 撑船 挑选 挑衅 抄送 抄录 抄件 揭幕 担子 提出 提成 提款
提示 揭露 揭开 提法 担当 揭晓 提早 担架 担忧 揭发 担心 提炼 提案 揭穿 担负 提拔
担搁 提醒 提要 提升 捏造 提前 提问 提交 提供 提倡 担保 担任 提价 提货 提练 提纲
提高 提议 扣除 拐骗 损耗 捐款 损坏 捐献 操场 捉弄 捐赠 操心 损害 损失 操作 操练
操纵 舞台 摆布 舞厅 摆脱 舞场 舞蹈 舞曲 舞剧 押金 押送 舞弊 舞姿 舞女 舞会 舞伴
摆设 缺勤 缺陷 投降 制服 制裁 制表 摧残 缺点 缺少 投影 制品 制图 抽屉 抽烟 制定
缺额 抽空 抽象 缺损 投票 抽查 投机 制造 制版 制备 投身 缺乏 抽签 投入 投稿 投送
投资 投产 投递 摧毁 制作 制度 投诉 制订 投放 气功 所有 气压 所在 氮肥 所需 拨款
据点 据此 气温 气泡 气派 气流 气味 扭转 气愤 所属 气慨 所以 拟定 撰写 扎实 气象
抉择 气质 气氛 气魄 气势 所长 气息 据悉 气门 气候 气体 氧化 氢弹 所谓 拟订 据说
拟议 扬言 近期 按期 迫切 探险 探索 近来 探测 按时 近日 按照 迫害 近视 擦拭 近年
控制 挖掘 控告 近程 近况 探亲 迫使 探讨 按语 探望 控诉 按摩 挽联 抵达 的确 的士
挽救 欣喜 拘束 抵赖 抵消 拘泥 欣赏 挽回 欣慰 捣蛋 鬼神 抱怨 欣然 抵触 抱负 挽留
拘留 抵挡 抵押 捣鬼 抵抗 魁梧 捣乱 欣悉 抵御 抱歉 捣毁 魁伟 抵债 白菜 逝世 拆除
白面 折腾 掀起 拍卖 白天 哲理 誓死 折旧 哲学 白酒 拆洗 抓紧 誓师 拍照 魄力 白发
白糖 白银 拍摄 拆卸 折扣 白杨 白桦 折算 拆毁 拆建 折价 誓词 折磨 打破 打动 打垮
打击 打开 打球 打渔 打骂 打听 打架 打赌 打败 打断 打字 打针 打印 打猎 打捞 打扰
打气 打手 打扫 打扮 打枪 打算 打拳 打杂 打仗 打倒 手工 拖鞋 插队 手套 插页 手脚
托运 搬运 手表 手掌 卑劣 手电 卑鄙 括号 手足 插图 插曲 手帕 手巾 手册 手臂 搬家
托福 拖把 挺拔 拖拉 手势 手指 手枪 手术 搬迁 播种 手稿 插入 播送 播音 手段 手续
手绢 括弧 播放 拉萨 接受 抖动 接替 接班 接洽 接吻 接连 接见 接收 拼写 接触 拉拢
拼搏 摘抄 接近 皎皎 摘要 接待 接生 摘自 接着 拼音 摘录 拼命 接续 接线 摘编 招工
执著 扫荡 扫墓 执勤 热切 殷切 招聘 扫除 热能 热爱 挪用 搜索 招考 执政 热带 热烈
热点 热源 热潮 热泪 扫兴 热浪 热量 执照 招呼 势力 热情 招收 热忱 势必 热心 扫描
搜捕 招揽 热气 招手 招标 搜查 热核 招待 执行 招生 招牌 势利 热血 执笔 执着 热闹

热门 扫帚 垫付 搜集 热线 抛弃 热诚 热衷 扫盲 推荐 失落 推出 抢险 抢夺 推动 失真
抢救 推进 拾零 抢占 失眠 推测 扮演 失学 推举 失踪 推崇 抢购 失败 抢收 推迟 失业
推断 失火 推销 失掉 推卸 失控 挫折 推选 推行 失策 推算 失利 推翻 推移 失效 失灵
推倒 抢修 失误 推敲 失恋 推论 推广 指出 批示 指示 指教 指责 指点 指法 拂晓 指明
批转 指导 批发 指数 指定 指挥 指标 批复 批判 批斗 批准 批件 指令 指引 批语 批评
指望 扩散 撤职 搞通 扩大 掠夺 搞垮 护士 搞到 斥责 搞清 撤消 搞活 护照 撤回 扩展
扩军 抗灾 扩印 撤销 抗拒 撤换 擅长 擅自 抗病 搪瓷 搞好 撤退 扩建 扩张 撤离 扩充
邀请 抗议 模式 模范 柜子 模块 模型 模具 栋梁 框图 模糊 模拟 模样 模特 模仿 李鹏
椭圆 橘子 权限 权威 权力 权势 树木 树林 权利 权衡 树立 权益 椅子 顶替 顶点 顶峰
枯燥 橱窗 椿树 极其 极限 极左 极大 极点 极力 极端 极度 枝节 飘荡 杆菌 桂花 桔子
村子 票面 标致 杜甫 飘带 标点 飘浮 飘渺 标明 标题 杜鹃 枝叶 村办 材料 桂冠 剽窃
飘然 棱角 飘逸 标兵 飘舞 票据 飘扬 桔柑 植树 标本 植株 桂林 标榜 村长 植物 标签
标准 标价 票价 杜绝 村庄 标语 标记 西式 西藏 西贡 西欧 西医 西药 杯子 本子 本职
本能 配套 西面 西服 本月 酷爱 西南 本事 本来 本末 西餐 本港 西汉 酿酒 西洋 酷暑
配置 本国 西边 西山 西风 酌情 本性 本家 西宁 西安 本色 配角 本钱 酬金 本报 西瓜
本质 本年 配制 酷热 酝酿 本息 配备 本身 本着 西装 酸辣 配音 西北 配合 配偶 配件
本位 本领 本乡 本义 酬谢 西文 本文 相通 相对 相貌 相爱 相干 相声 想来 相互 朴素
想法 相当 相加 相思 相连 相同 想见 想象 相反 相近 相机 相等 相处 相片 相称 相关
相交 相似 想像 相位 想念 相信 相继 相比 相离 相应 相识 桃花 档案 桃李 桃树 查获
棍子 查对 查封 查清 查明 查办 查收 查找 查看 查抄 查处 查问 查阅 查证 查房 查询
可敬 可耻 可能 可观 可爱 可喜 歌声 可否 可恶 可是 歌星 可鄙 可贵 歌唱 歌曲 可见
可惜 歌剧 可怕 可恨 可怜 可以 可乐 歌舞 可知 可靠 可行 可笑 可亲 歌颂 杏仁 哥们
可疑 可比 歌词 可变 机警 机能 机动 机场 机时 机电 枫叶 机器 机车 机密 机制 机械
机构 机要 机智 机务 机关 机会 机修 机组 机房 机床 杨柳 杰出 楼台 楼下 楼板 楼梯
楼群 杰作 楼房 榨菜 榕树 棺材 枕头 构成 橡胶 橡皮 构思 构图 桅杆 构造 攀登 构件
棉花 棉布 柏油 板车 棉田 棉被 板报 柏树 柏林 板凳 棉线 棉纱 棉纺 棉衣 木工 林区
禁区 木匠 木耳 森严 禁止 木炭 木雕 禁忌 焚烧 林业 木棒 木材 梦想 木箱 木头 林立
焚毁 禁令 格式 梅花 桥墩 覆灭 梅毒 桥梁 格局 格外 桥牌 格律 覆盖 格调 格言 样式
样子 梯队 校对 校友 樟脑 校址 校刊 校正 校园 梯田 校风 样本 样机 样板 榜样 校长
校舍 校庆 根子 根除 概貌 要求 要不 要素 要点 根源 要紧 要是 根号 要员 概略 要害
根据 概括 根本 概述 要么 概算 要闻 概况 要好 要命 要件 要价 要领 概念 概论 概率
检验 检索 检测 检举 松紧 松懈 检字 检察 松树 枪杆 检查 松柏 检疫 检阅 检修 枪弹
枪毙 楷书 楷模 楷体 柱子 核对 核心 核算 杭州 长工 长期 长辈 长寿 长城 长远 长江
长沙 升学 长跑 长官 长安 长久 长年 长短 长征 长处 长篇 升值 长途 升级 长度 彻底

长方 季节 季刊 季度 私营 私有 私心 私自 私利 私立 私人 私货 短工 短期 甜菜 筹划
辞职 矩阵 智能 敌对 乔石 智慧 适用 矩形 知青 适龄 短波 知觉 甜酒 辞海 适当 适时
适量 适中 短路 辞别 敌国 笼罩 短暂 智力 筹办 辞典 敌情 适宜 敌军 甜蜜 敌视 知名
筹措 敌后 甜酸 稽查 敌机 短短 短程 徘徊 筹备 知悉 敌我 舌头 甜美 知音 敌意 智商
知道 辞退 筹建 适合 短促 敌人 籍贯 适度 智育 短评 适应 知识 短文 稻草 盘子 舰队
船厂 盘存 租用 透露 透过 秀才 航天 秀丽 盘点 透明 船员 船只 稻田 租界 稻米 航空
透视 租金 船票 船长 透彻 舰艇 船舶 船头 租赁 稻谷 盘货 船主 盘旋 徒工 徒劳 毯子
选取 先驱 行驶 千古 先辈 造成 赞成 千克 赞助 选用 行动 告示 先进 徒刑 造型 等到
先天 等于 行政 千瓦 先烈 毛皮 午餐 赞赏 选派 选举 选题 待遇 赞叹 先遣 告别 德国
靠边 千周 赞同 毛巾 靠山 选购 迁居 待业 行业 毛料 千米 午宴 行军 造福 等外 造句
午饭 千金 先锋 告急 选择 选拔 先后 赞扬 靠近 选手 丢失 行李 选票 待查 赞歌 告辞
等待 德行 等等 先生 选种 千秋 迁移 街头 告状 先前 赞美 等效 街道 赞颂 先例 等候
午休 等价 选集 等级 待续 毛线 选编 告诫 德育 毛衣 德语 造就 行为 街市 告诉 德文
重叠 重大 生存 生成 生态 征服 重用 生动 垂直 征求 重型 生理 生死 生平 重点 惩治
重油 生活 重量 重申 生日 策略 惩办 惩罚 征购 征收 生怕 重心 重视 生铁 征兵 生气
重迭 重要 生长 重复 生物 征税 征稿 生前 生病 生意 生效 重新 生产 生命 重任 征集
生育 重庆 征订 版式 延期 牌子 自卫 算了 怎能 自大 篡夺 片面 版面 自愿 自助 自爱
自动 处境 处理 彼此 自满 自治 算法 自学 自觉 鼻涕 算是 臭虫 牌照 牌号 版图 处罚
彼岸 自由 自居 自己 自发 延迟 片断 鼻炎 算数 自家 延安 鼻祖 自然 自杀 自制 臭氧
自卑 版权 版本 算术 处长 怎么 自知 算盘 自选 自重 处处 自身 自称 自我 版税 自尊
自立 处女 片段 自传 自修 延伸 篡位 处分 牌价 自从 自信 延缓 延续 自费 自给 自主
片刻 自豪 处方 稍稍 稍微 稍许 香蕉 得出 利用 得志 利索 得到 香港 得法 香水 香油
复活 利润 得当 复兴 复员 得罪 得力 利民 复辟 复习 得以 香烟 香料 利害 复写 复印
香皂 复制 得失 复查 得知 利息 得意 利弊 得奖 利益 复杂 复合 得体 得分 利率 程式
各项 积蓄 和蔼 种子 积压 积肥 各地 积雪 和平 和睦 各国 各界 积累 种类 各类 和气
程控 积极 种植 积木 各自 各处 各种 种种 各个 各位 积分 各级 程度 程序 各族 和谐
各方 备荒 血压 备用 备考 血型 血球 备战 血汗 血泪 血液 备注 血肉 务必 备料 务农
备案 箩筐 血管 备件 备课 躲藏 微薄 秧苗 身世 身子 微观 射击 微型 向下 向来 向上
微波 微小 微量 身边 微风 向导 躲避 微粒 微米 稠密 身材 徽标 秧歌 微机 身长 身躯
奥秘 微笑 向往 奥妙 微妙 身体 身份 射线 微弱 身高 颓废 筷子 乞求 乞丐 秘书 秘密
乞讨 秘诀 秘方 番茄 翻腾 秋天 秋波 翻滚 秋风 秋收 悉尼 翻案 秋色 秋季 翻版 翻身
翻新 翻阅 翻译 释放 管子 管理 管辖 管家 管制 管道 稀薄 称职 稀有 稀奇 稳妥 称霸
移动 稀土 稳步 稳当 黎明 称号 称呼 稳固 移民 稀疏 稳定 稀罕 稀饭 移植 称赞 稳重
移交 称谓 犒劳 特区 特大 特有 特地 特刊 牧场 物理 特殊 特点 我党 牧师 特号 物品

特别　我国　物力　牡丹　牧民　特快　牧业　特定　特写　我军　特色　物质　特邀　特权　特长　特务
牺牲　特意　物资　特产　特例　物件　物体　我们　物价　特级　特约　秩序　物主　牲畜　我方　箱子
条款　条理　笨蛋　笨重　条条　条例　条件　条约　条纹　笔直　笔者　笔墨　笑容　笔名　笔锋　笔试
笔调　笔记　笔迹　笑话　简陋　乘除　科研　简历　科协　冬天　科目　冬眠　乘法　科学　简明　简易
乘车　简略　税收　科室　乘客　简报　冬瓜　科技　简捷　简朴　乘机　简要　科长　冬季　简短　乘船
乘积　税务　简称　科委　简装　简单　科普　简便　简介　剩余　简化　简练　简编　简讯　乘方　很能
很大　很小　委派　律师　委员　委曲　委屈　很多　委托　很热　很冷　很好　很低　委任　很高　签到
符号　签署　签收　签发　签字　答案　签名　答复　答卷　答辩　符合　答应　签订　答谢　每项　第七
繁荣　第三　敏感　每月　第十　第二　每天　每当　每时　每日　第四　每回　繁忙　系数　繁多　敏锐
敏捷　每年　繁重　每秒　第六　繁杂　第九　繁体　第八　每人　繁华　系统　稿子　入场　入境　往事
往来　入学　往常　入党　往日　入口　入团　篇幅　往返　往后　往年　篱笆　往复　往往　篇章　入门
入伍　稿件　入侵　稿费　稿纸　入座　瓶子　并联　并非　并且　并于　并不　并列　并举　迸发　并行
并重　疟疾　冻结　逆境　逆流　塑料　闻名　疗程　疗养　疗效　塑像　竣工　痛哭　痛快　痛恨　痛心
冶炼　冶金　瘫痪　关节　凑巧　关切　着陆　关联　养成　状态　减肥　头脑　羊城　养老　关于　善于
送还　减速　养殖　头目　差点　着眼　减法　叛党　养活　减少　关注　关照　头号　差距　判别　差别
减轻　判罪　叛国　差异　羞愧　头发　关心　判断　养料　卷宗　差额　翔实　送礼　差错　减免　关键
善后　着手　着想　叛乱　头等　叛徒　郑重　着重　头版　关税　关系　头痛　关头　关闭　养病　善意
判决　减产　关门　减退　凑合　减低　养分　减价　送货　送信　头绪　减弱　养育　叛变　郑州　善良
关於　前期　前辈　前面　前奏　剪彩　前进　前者　前来　前列　前沿　前景　前边　毅力　毅然　前夕
前后　前年　前提　前程　前身　前往　前头　遂意　前门　前途　前人　前线　前言　闭幕　壮观　壮大
半截　装运　斗志　半天　半球　壮丽　壮烈　半点　壮举　凌晨　半日　半路　半响　装置　半边　装饰
斗争　半岛　半年　装卸　装配　半径　装备　壮阔　闺女　闭会　装修　半价　装货　装订　壮族　半夜
羡慕　病菌　盖子　美观　病历　病故　病态　美貌　美元　病理　美丽　病死　病毒　美满　美酒　美洲
美味　病号　病因　美国　凄惨　病情　病害　美容　病危　盖印　美名　美金　病逝　辣椒　美梦　美术
美德　病痛　症状　病症　盖章　病况　凄凉　美好　美妙　病例　病假　病休　病人　美化　美育　病房
病变　美言　疲劳　站台　疲软　站岗　站长　疲惫　疲乏　站立　疲倦　冰雹　冰霜　冰雪　阔步　冰山
冰糖　阔气　冰棍　冰箱　冰冻　冰冷　章节　间隔　音码　意愿　意志　单元　单一　音量　单日　意味
音响　意思　意图　竭力　韶山　意见　竟敢　间断　意料　单数　单字　竟然　意外　音乐　单独　音质
童年　单据　间接　音标　章程　单间　单产　音像　单位　单价　韶华　单纯　间谍　竭诚　单衣　意识
音调　单调　单词　意义　童话　总工　问世　总共　部队　总参　冲破　况且　总裁　冲动　冲击　部下
总理　兑现　总督　冲淡　冲洗　总是　问题　问号　部署　总则　冲刷　总局　部属　总数　竞赛　总之
总额　冲突　冲锋　竞争　总后　兑换　部标　总机　剖析　部长　竞选　总算　总得　总和　总务　总管
总称　部委　问答　总装　癌症　总部　总产　部首　部门　问好　总值　总会　问候　部件　总体　部位
部分　部份　总结　总统　总编　总计　冲剂　问讯　曾经　商场　端正　商量　商品　商团　商贩　商业

疯狂 商标 商榷 商行 商务 弊病 弊端 商会 商人 商讨 商店 商谈 凋谢 端详 商议 决裂
决战 决心 决赛 决定 决策 决算 决议 普通 普及 普查 普选 普遍 帝王 帝国 旁边 帝制
郊区 交际 交通 奖励 资历 姿态 资助 盗用 将士 盗卖 交替 将来 交互 交班 交战 资源
交涉 酱油 奖赏 交流 将帅 交易 效果 奖品 效力 交界 盗贼 交情 资料 次数 将军 盗窃
郊外 资金 奖金 交锋 将近 交换 交接 姿势 资格 将要 次要 交待 奖惩 净利 奖状 奖章
资产 效益 交代 交货 交纳 次序 交谈 咨询 效率 新式 奠基 尊敬 亲切 亲友 亲戚 新春
亲朋 亲爱 新型 亲王 尊严 新兴 新星 遵照 新风 新书 亲属 遵守 奠定 亲密 尊容 亲近
新近 亲手 亲热 新生 尊重 亲自 亲身 尊称 遵循 亲笔 新闻 新装 新婚 闲杂 新娘 遵命
亲人 新华 亲信 新疆 新颖 新诗 新郎 疾苦 产区 首脑 产地 首都 阁下 道理 产量 道路
产品 阁员 痴情 首届 产业 颜色 产销 产权 首相 首长 道德 首先 产生 产物 疙瘩 疼痛
疾病 首次 痢疾 道歉 产妇 产值 产假 首席 道义 道谢 立功 立夏 阅历 立春 立场 立法
阐明 阐述 立秋 立冬 立即 立体 阅读 立刻 立方 兼职 兼顾 歉收 兼容 歉意 歉疚 兼任
冷藏 冷落 准确 冷却 冷静 冷漠 冷淡 闪耀 冷暖 准时 闪电 准则 冷风 闪烁 冷饮 冷气
准备 冷笑 冷冻 疮疤 闪闪 痊愈 冷谈 准许 北欧 辫子 凝聚 兹有 北面 慈爱 递增 北海
背景 弟兄 凝固 北国 北边 北风 背心 递补 慈祥 背后 北极 慈善 背叛 北美 北部 递交
弟弟 弟妹 北纬 北约 背离 背诵 北京 北方 辛苦 辛勤 门面 凉爽 门厅 六月 闹事 门路
辨别 闹剧 门类 辩解 闹钟 辩护 门票 辛酸 门徒 门牌 辩证 辨识 门市 门户 辩论 门诊
毁灭 媒介 好感 好奇 好坏 好些 好汉 好听 好吃 好转 好心 好象 好多 好看 好处 她们
好比 始末 即时 既是 即日 怒吼 努力 始发 怒火 既然 怒气 既要 即将 妈妈 奴隶 即使
始终 即席 即刻 姑且 姑表 姑妈 姑姑 姑娘 姑父 恳切 退职 恳求 姐夫 退还 退步 奶油
退回 奶粉 姐姐 奶奶 姐妹 退伍 退休 退化 退缩 恳请 妹子 妓院 建成 寻址 寻求 妹夫
那些 奸污 建党 寻常 那是 建国 寻思 那边 建军 那儿 寻找 建树 建材 那样 建筑 那么
建造 那种 奸商 建交 建立 妹妹 妓女 那个 建设 那麼 建议 录取 剥夺 录用 妙用 肃静
妙龄 剥削 肃清 隶属 录象 逮捕 录制 肃穆 录入 录音 嫦娥 录像 剿匪 娼妓 娼妇 如若
如愿 召开 如下 如此 如果 召唤 如同 如实 娱乐 如意 如何 召集 如今 舅舅 舅父 舅母
姻缘 姗姗 刀子 刀具 刀枪 灵巧 灵感 灵魂 灵活 灵敏 巡回 巡逻 巡视 姊姊 婚姻 杂志
杂粮 杂质 杂技 杂乱 杂牌 杂音 杂交 杂货 杂费 杂谈 杂文 娇柔 娇艳 九龙 九月 九霄
姓氏 姓名 群岛 娇气 妊娠 姊妹 媳妇 群体 群众 君主 嫡系 婵娟 嫉妒 女工 女子 妇联
女孩 女士 女王 女性 女神 女儿 女排 女兵 女生 妇科 女装 女婿 女人 妨碍 忍耐 忍受
妒忌 妨害 娘家 娘儿 忍痛 袋子 代码 借故 借助 借用 借支 供需 供求 侥幸 代替 代表
代理 供水 代沟 供暖 供电 借鉴 代号 借口 代办 代购 代数 供销 代销 借据 代管 借条
借债 代价 供给 供应 借调 代词 创刊 创汇 创举 创办 创见 创收 创业 仓皇 创造 创新
创立 创始 创建 仓促 创作 创伤 他们 他人 仔细 仓库 他说 公式 公共 公职 公有 公历
公用 公款 公元 公开 公正 公理 公平 仅此 公演 公里 公路 公署 公园 公民 公司 公尺

公粮 公家 公寓 公安 公社 公然 公馆 公报 公制 颂扬 公斤 公升 公私 公告 公德 公务
公物 公章 公道 仅仅 公债 公休 公分 公众 公顷 公费 公约 公主 公证 公亩 公认 公文
做工 段落 做功 做出 做成 优胜 优越 做到 优惠 做事 优点 做法 优劣 优异 做官 做客
做饭 优质 优势 做梦 优秀 估算 伏特 优美 做人 估价 优化 优育 估计 做主 优良 俘虏
仍旧 仍然 佳期 值勤 付出 伟大 传达 传奇 舒服 传动 付款 传真 会场 传教 值班 值此
付清 传染 舒畅 会员 传呼 传略 会见 传导 儒家 付印 佳句 什锦 传授 传播 会长 什么
舒适 值得 传闻 传送 传单 佳音 传阅 传递 传颂 伎俩 侍候 佳作 传统 会计 传记 传遍
会谈 仁义 佳话 传说 舆论 会议 使节 例子 登陆 便函 全能 倒台 全套 全面 全盛 合成
便服 合肥 全貌 使用 命脉 命运 倒塌 倒卖 全场 倒霉 全天 全球 便于 合理 全速 全副
拿来 全党 倒流 例题 全景 全力 合同 登山 全民 傲慢 倒数 全家 便宜 全军 全然 例外
命名 使馆 登报 倒挂 全年 全权 合格 合适 全盘 例行 便利 全程 债务 便条 合并 债券
倒闭 全部 合资 全新 倒退 登录 例如 全优 全会 使命 倒爷 全体 合作 命令 便衣 合计
债主 登高 登记 全文 企求 修正 修理 个别 企图 个性 修改 企业 个数 修补 侦察 修饰
悠久 悠扬 侦探 修配 侦查 修筑 修复 修养 悠闲 修建 俱全 悠悠 个体 修缮 修订 倘若
偿还 俏皮 但愿 介于 伸曲 伸展 倡导 偶然 偶尔 介质 介入 介意 偶像 伸缩 伸张 介绍
俚语 介词 倡议 保卫 保障 保险 堡垒 保存 促成 促进 保温 保守 保密 保安 保留 保持
保护 保重 仲秋 保管 保养 保姆 保佑 促使 保修 侃侃 保健 保证 侧面 佩服 催款 催还
催眠 侧重 仙女 催促 假若 假期 亿万 追赶 追求 假冒 假日 追加 追悼 假定 追究 假象
假名 追捕 追查 伺机 似乎 假装 假如 假借 假使 假设 假说 伙伴 伙食 伙计 低落 低薪
父子 低能 低压 父辈 父老 斧正 低频 低潮 低温 低沉 低劣 父兄 低档 低等 你我 斧头
像章 父亲 低产 爹妈 你俩 爷爷 爸爸 你们 低价 低级 父母 低度 低廉 伯乐 伯父 伯伯
伯母 体验 体面 休克 体裁 体坛 体形 休整 体现 休止 体温 休学 体力 体贴 何必 休业
体质 体操 体制 体魄 体检 何等 体重 休息 体积 体委 体系 休养 何况 体会 休假 体育
体谅 任期 任职 作出 侮辱 伤感 斜面 八成 八月 八股 侨胞 作用 余地 余款 作协 作者
作画 作恶 作战 侨汇 作法 伤口 作品 伤员 俄国 作曲 作风 侨民 作怪 伤心 作业 伤害
作家 余额 凭空 任免 傻瓜 作操 凭据 伤势 叙述 途径 作乱 任务 作物 伤痛 侨眷 任意
伤痕 凭借 任命 作假 任何 任凭 斜线 凭证 俄语 作为 作废 俄文 作文 伴随 伴奏 位于
傍晚 位置 倍数 伞兵 伴侣 分工 分期 贫苦 分散 分子 分队 分厂 分成 侵袭 盆地 分寸
分开 分裂 分歧 侵占 分清 分泌 分明 分别 贫困 侵略 分界 贫贱 分贝 贫民 颁发 仇恨
忿恨 分类 分数 分米 侵害 分割 贫农 贫寒 贫富 贫穷 仇视 分解 分外 分钟 侵犯 分兵
分担 分批 分配 分档 分析 仇敌 分行 分秒 贫血 健身 贫乏 侵入 分头 健壮 健美 分部
颁奖 分辨 分会 健全 仇人 分化 分离 分店 分为 健忘 健康 人工 人世 谷子 人参 人马
从而 人士 丛刊 人均 人才 从政 从事 从严 从来 价目 从此 从小 人口 人员 从轻 从略
人力 人民 人情 丛书 从属 人心 人类 从宽 人家 从军 从容 偷窃 价钱 众多 人权 坐标

俭朴 丛林 价格 人选 人生 人身 人称 人物 谷物 从简 从头 从前 人间 从商 偷盗 人道
耸立 人群 从优 价值 人命 从命 人体 从今 伦敦 俗语 人证 欲望 化工 华东 化验 化肥
华南 佛教 华丽 倾泄 华沙 化学 倾听 倾销 倾向 货物 华北 华侨 华人 化纤 华裔 仪式
储藏 停薪 储蓄 停职 住院 依附 含有 储存 集成 邻邦 偏爱 食用 信用 领域 领土 信封
住址 停顿 今天 仪表 领带 依赖 焦虑 信皮 停止 依旧 焦点 俯瞰 贪污 食堂 伪劣 领海
信誉 今日 停电 今晚 依照 信号 集中 仪器 食品 集团 停车 贪图 集邮 焦炭 偏见 贪赃
邻居 领导 信心 含糊 食粮 住家 信守 伪军 住宅 领袖 住宿 俯视 依然 集镇 集锦 焦急
今后 今年 仿制 依据 邻近 食指 集权 贪婪 领先 依靠 信笺 住处 信息 储备 偏向 依稀
食物 信箱 偏差 念头 伪装 禽兽 偏旁 集资 依次 停产 信贷 集合 偏僻 信仰 信件 集体
信任 食欲 仿佛 偏偏 信念 信纸 集训 集市 住房 含义 练习 红色 练兵 红旗 经营 经验
经历 经受 经过 经理 经常 经济 经办 经典 经销 经贸 经商 经纬 经线 经费 经纪 经络
绑架 缅怀 缅甸 缭绕 组成 级别 组长 缓和 组稿 组装 组阁 组建 组合 组件 组织 结束
结晶 结果 结帐 结局 结业 结实 贯穿 结社 结构 结核 贯彻 结算 续篇 结婚 结合 续集
续编 纬度 结论 绪言 母子 母鸡 线索 纯正 纯洁 线路 线性 纯粹 纯朴 母校 纯毛 纯利
线条 母系 纯净 母亲 线段 引荐 引出 引用 引起 引进 绰号 引路 引力 引导 引诱 引言
费用 绅士 旨意 费话 绳子 强劲 强大 强硬 织布 强盛 绳索 强者 强烈 强国 强制 强迫
强壮 强盗 强化 强弱 强度 强调 细节 细菌 细腻 细胞 细雨 细致 细小 细则 幼儿 幼年
细长 幼稚 幼女 纳粹 纲要 纳税 纳入 绸缎 纪元 纠正 纽带 纪实 幻想 纪要 纪委 纪律
纪录 纪念 纽约 纠纷 纠缠 继承 继续 缩小 缩影 缩写 综述 缩短 缩减 综合 绝对 约束
绚丽 弥漫 约定 绝密 弥补 纸币 纸箱 绝妙 约会 纸盒 纸张 绝缘 绝望 缴获 缴纳 绵绵
疑惑 缝隙 疑难 乡土 乡下 疑虑 终止 终日 疑心 肆业 终究 乡镇 终年 乡村 乡长 终生
终身 疑问 终端 乡亲 匕首 终结 缝纫 纤维 疑义 弹药 弹子 弹奏 弱者 弹琴 弱点 弱小
弹力 弹性 弹簧 缔造 弹头 缔交 弹道 缔结 缔约 弹劲 绿茶 绿色 纵队 给予 绘画 给与
纵情 纵然 维持 维护 纵横 给养 纵使 维修 纷纭 纷纷 幽雅 比划 缘故 幽静 比喻 幽默
比较 毕业 比赛 比拟 比重 毕竟 比如 比值 比例 比分 比价 丝毫 比率 比方 编著 编队
编码 编者 统一 统战 统治 编号 编辑 统购 编剧 编导 编写 编审 编印 编外 统销 编排
编制 统配 统筹 编造 编纂 编程 统管 统称 编委 统建 编组 纺纱 纺织 缠绵 编译 统计
统率 诬蔑 席子 谋取 诬陷 谨防 试验 试用 度过 试点 试题 试车 谋略 谨慎 试飞 度数
谋害 试销 试看 试制 试探 试想 谋私 试行 试卷 试问 度假 席位 诺言 离散 离职 离队
享受 离开 离心 离家 烹饪 离校 熟悉 离婚 敦促 离休 离任 熟练 烹调 译者 序列 育龄
充满 充当 充电 译电 充足 译员 充实 译制 弃权 译本 育种 译音 充分 序言 译文 庆功
庞大 庆幸 庆贺 诚心 诚实 庆祝 诚然 诚挚 诚意 诚恳 庞杂 诽谤 衣服 哀求 衣裳 哀叹
哀思 哀悼 衣料 哀乐 衣物 哀伤 计划 讨厌 诗刊 读者 讲理 庄严 讲学 讲演 计时 讲师
计量 计较 读书 讲究 讲解 诗句 读报 讲授 诗歌 讲述 计策 计算 庄稼 读物 讲稿 读音

诗意 讨嫌 讨债 诸位 计分 诗人 诗集 计谋 讲课 诗词 讲义 讲话 讲座 讨论 讲议 评功
主观 请愿 主动 请示 请求 请进 请教 评理 请柬 请战 语汇 语法 主演 主流 证明 主题
请罪 主力 主办 主导 证书 评定 评审 请客 证实 主角 语句 主持 证据 语气 主权 主要
评述 语辞 评选 主管 主笔 证券 评判 语音 主意 请问 主次 评奖 评阅 语录 评估 请便
请假 证件 主体 主任 评分 评价 主食 评级 主张 评比 主编 主席 评语 语调 语词 主义
评论 语言 评议 让步 店员 店铺 讣告 就职 应聘 京戏 应有 应用 应运 京城 京都 就此
应当 就是 京剧 应届 就业 应急 就近 应邀 应酬 就算 应付 就任 就绪 应变 就座 应该
课堂 课时 课题 漫骂 课本 课程 齐备 齐全 课余 课文 误码 识破 误用 吝啬 误事 谴责
误餐 误时 识别 衷情 衷心 识字 误解 误差 衰退 误会 训练 衰弱 为了 为难 库存 颤动
为止 为此 为名 禀报 颤抖 为着 亩产 为准 为何 谓语 库房 调节 市区 高薪 调职 设防
调戏 高能 高雄 高大 高压 调研 高原 调用 调动 高干 高超 调协 市场 高考 市政 调理
高速 调整 讽刺 调皮 高频 调频 高龄 设法 高潮 高温 高尚 高深 高梁 高兴 高涨 高明
高昂 高喊 高中 调遣 高呼 设置 高山 高峰 市内 市民 高层 市尺 高烧 调料 高炉 设宴
高空 市容 调解 市镇 市制 调拨 调换 市斤 高招 调配 设想 高档 调查 高歌 高攀 高校
市长 高等 调和 设备 市委 调养 高效 市郊 高产 设立 庙会 高傲 高低 调任 高位 高价
调价 高级 高度 调离 设计 市亩 设施 市府 调谐 鹿茸 刻苦 房东 刻划 记功 启蒙 房子
废除 遍布 永磁 雇用 启用 肩膀 遍及 记载 遍地 启动 启示 永远 记者 盲目 词汇 记号
户口 废品 雇员 妄图 记帐 望见 房屋 永恒 记忆 启发 词类 废料 房客 词句 肩负 废铁
永久 忘掉 废气 盲打 忘本 妄想 记要 房租 废物 房间 房产 记录 亡命 赢余 记分 盲从
词组 废纸 刻度 废弃 词语 词库 忘记 词义 废话 谬论 盲文 变革 变通 变成 恋爱 变动
蛮干 变形 变更 变速 变法 变量 弯路 弯曲 变色 迹象 变质 变换 蛮横 变相 变迁 变得
变种 谈判 变化 变幻 谜语 谈话 谈论 膏药 亭子 这下 这点 这些 亮光 这时 这里 这是
这回 这边 诧异 毫米 这儿 亮相 这样 这么 这种 这次 这个 豪华 亮度 底下 底层 谄害
义气 底版 底片 义务 底稿 询问 诡辩 底细 诡计 底座 诉讼 麻子 魔王 磨灭 麻雀 麻风
麻烦 糜烂 床铺 磨擦 魔鬼 摩托 麻醉 麻木 魔术 订单 麻痹 麻将 订阅 订婚 麻袋 摩登
床位 订货 摩仿 磨练 施工 放荡 旗子 诈骗 放大 放肆 施肥 施用 放开 放学 旅游 放映
放电 旅顺 诱因 放置 旋转 施加 旗帜 施展 诱导 放慢 放心 放火 放炮 放宽 旅客 旗袍
放空 旅社 旅馆 许多 许久 放手 许可 放松 州长 旅长 施行 旅行 旅程 放射 放牧 旋律
谢意 施舍 放假 放像 旅途 旅伴 旅费 谢绝 放纵 放弃 谢谢 谦逊 说服 廉政 谦虚 廉洁
说明 谱曲 详情 详尽 谱写 详解 廉价 详细 说谎 谦让 说话 良药 庸碌 唐朝 良心 良机
康复 良种 良好 庸俗 朗读 论著 认出 夜大 认真 夜班 论点 诊治 认清 诠注 夜里 论题
夜晚 认罪 认输 认帐 腐败 诊断 论断 腐烂 认定 夜空 认错 夜色 腐蚀 论据 腐朽 认可
论述 认得 夜间 座次 座位 腐化 诊费 认识 认为 论调 讹诈 论文 庇护 谐和 畜牧 谐调
方式 文革 广东 文艺 文职 文联 广大 方面 文坛 文献 广场 文教 文武 文具 方法 文学

广泛 文明 议题 议员 方圆 庐山 文风 文书 文字 方案 谅解 方针 广播 文摘 广柑 广西
文本 文档 言辞 广告 文选 议程 方向 文物 文笔 文科 文稿 广阔 文章 访问 文娱 方便
文件 文体 文凭 方位 议价 文化 文集 广度 言语 文盲 言谈 文豪 广义 广州 议论 言论

同步训练 3.4.2 三字词组

【任务介绍】 认识三字词组的输入方法及重要性。

【任务要求】

（1）学会输入三字词组的方法；

（2）在训练的过程中记住一些常用的三字词组。

【训练内容】 较熟练地输入常见的三字词组。

三字词的编码为：前两个字各取其第一码，最后一个字取其二码，共为四码。

例如："计算机"，"计"拆分为"讠""十"两字根，"算"拆分为"竹""目""廾"三字根，"机"拆分为"木""几"两字根，那么词组"计算机"分别取"计""算"的第一码再加上"机"的第一和第二码，即"讠竹木几"就形成了"计算机"这个词组的编码："YTSM"。

三字词组练习

奥运会 百分比 百分之 办公楼 办公室 办公厅 本单位 必然性 必修课 辩护人 标准化
表达式 不必要 不得不 不能不 裁判员 操作员 差一点 成年人 出生地 出租车 储蓄所
吹牛皮 存储器 大部分 大多数 大伙儿 大面积 大体上 大团结 大学生 大中型 大专生
大自然 代表团 单方面 党代会 党中央 到时候 地下室 第一线 电冰箱 电磁场 电视剧
电影院 董事长 董事会 动脑筋 动手术 动物园 对不起 对得起 多样化 二进制 反过来
反作用 房租费 非金属 风景区 服务费 辅导员 负责制 附加税 改革者 干革命 高利率
高水平 高消费 高效益 各院校 根本上 工程师 工具书 工学院 工业化 工业区 工艺品
工作站 工作者 工作组 共产党 共和国 共青团 故事片 规律性 国际性 好办法 好样的
合格证 合同工 很容易 恨不得 划时代 还必须 还不能 会议厅 火车站 或者说 积极性
基本法 基本功 基本上 基础课 基督教 计划处 计算机 记录本 技术性 技术员 继承人
加油站 艰巨性 兼容性 检察官 奖学金 交换机 交易会 教练员 教学法 教学楼 教育局
教职工 教职员 接下来 结束语 介绍信 今年内 尽可能 近几年 进出口 经手人 救护车
具体化 开幕词 看不起 看样子 科学院 可靠性 可行性 空调机 劳动力 劳动者 老百姓
利润率 联合国 联系人 练习簿 练习题 临时工 零售价 流行性 摩托车 某些人 南宁市
年平均 年轻化 年轻人 年月日 农作物 派出所 判决书 平均奖 平均数 平均值 普通话
千百万 青春期 青少年 轻工业 轻音乐 清洁工 全过程 全民族 全世界 全中国 人民币
人生观 日记本 荣誉感 闪光灯 商品粮 上下班 上下文 少年宫 少先队 甚至于 生产力
生产率 生活费 十二月 什么样 时刻表 实际上 世界杯 世界观 世界上 事实上 适用于

收录机　手电筒　手术室　数学系　水平线　水蒸气　税务局　私有制　思想家　思想上　死亡率
算什么　所在地　太阳能　太阳系　体育场　天然气　同志们　图书馆　团支书　外国人　外交部
外语系　危险品　危险期　微积分　为什么　唯物论　卫生院　文件夹　我们的　无非是　五一节
现代化　现阶段　相对论　小轿车　小汽车　小学校　心脏病　新华社　新纪录　新技术　新时期
星期六　星期日　星期三　星期四　星期五　星期一　形象化　需求量　学生证　学习班　严重性
研究生　研究所　演唱会　要不得　一等奖　一回事　一会儿　一口气　一下子　医学院　医药费
艺术家　饮食店　应当说　应用于　营养品　营业员　尤其是　游乐园　游泳池　有利于　有效期
有助于　圆舞曲　源程序　运动场　责任感　责任心　增长率　招待会　照相机　这时候　正比例
正方形　证明人　之所以　中草药　中南海　中青年　中秋节　中文系　中小型　中小学　中学生
重要性　助学金　注意到　专门化　专业性　准确性　自动化　自治区　总成绩　总动员　总费用
总公司　总经理　总面积　总人口　总人数　总收入　总指挥　作用力　黄花菜　葡萄酒　工艺品
蔚蓝色　茫茫然　芭蕾舞　莫斯科　欧共体　医药费　英联邦　警卫员　警卫连　茅台酒　巧克力
蒙古包　斯大林　基础课　蒙古族　莫须有　敬老院　劳动者　莫过于　东南亚　劳动日　劳动力
东南风　劳动局　或者说　甚至于　莫不是　共青团　董事长　董事会　基督教　工具书　某些人
工学院　医学院　荣誉感　荧光屏　蒸汽机　荣誉奖　蓄电池　划时代　共患难　世界观　黄连素
世界上　世界杯　芝加哥　世界语　共同社　共同体　燕尾服　戈壁滩　慕尼黑　警惕性　工业区
工业品　营业员　工业国　工业局　营业额　营业税　工业化　工农业　工农兵　蒸馏水　花名册
基金会　匿名信　基本功　基本上　基本法　艺术品　艺术家　工本费　东西方　警备区　获得者
花生油　工程师　勤务员　颐和园　共和国　花生米　医务室　菲律宾　工程兵　共和制　医务所
革委会　获奖者　东半球　共产党　革新派　营养品　东北风　工商业　医疗所　劳资科　医疗费
东道主　工商户　甘肃省　工作台　工作服　工作者　工作量　革命家　著作权　工作站　工作间
革命化　工作组　工作证　苏维埃　菜市场　勘误表　英文版　散文集　散文诗　出勤率　联欢会
卫戍区　出成果　出厂价　聘用制　孔夫子　降雨量　陈列室　陆海空　孙中山　附加税　附加费
出发点　孙悟空　职业病　辽宁省　孤儿院　承包商　防护林　函授生　陕西省　卫生院　卫生厅
出生地　出入境　卫生员　出租车　卫生巾　卫生局　出版社　卫生所　卫生站　卫生间　卫生部
联系人　卫生纸　出入证　出生率　取决于　子弟兵　防疫站　联合国　联合会　联合体　联络员
阴谋家　联席会　艰巨性　双职工　参观者　参观团　马克思　双月刊　通用性　参考书　对不起
邓小平　台湾省　能源部　参加者　双轨制　戏剧性　马尼拉　戏剧片　观察员　观察家　马铃薯
对角线　预制板　马拉松　预备队　对得起　预处理　通知书　双重性　预选赛　预备生　通行证
对立面　台北市　难道说　通信班　通信连　通信兵　圣诞节　参议院　通讯员　通讯社　圣诞树
参谋长　通讯录　硬功夫　胡萝卜　尤其是　大工业　石英钟　大革命　大功率　太阳能　艳阳天
原子核　太阳系　三联单　原子弹　万能胶　万能表　大熊猫　夏威夷　左右手　大面积　太原市
有助于　大脑炎　百老汇　大无畏　大老粗　碰运气　大规模　大专生　成都市　万元户　大理石
太平洋　三环路　故事片　太平间　龙王爷　有没有　感兴趣　大洋洲　非党员　大学生　耗电量

夏时制 大师傅 有时候 大跃进 大中型 大踏步 历史剧 历史性 百叶窗 成品率 大罢工
三轮车 大团结 硬骨头 大幅度 大发展 厅局级 研究院 研究员 研究室 大字报 研究所
研究生 百家姓 研究会 石家庄 大家庭 三角形 面包车 非金属 大多数 三角板 大扫除
大气压 万年青 大批量 大兵团 大气层 成年人 克格勃 大西洋 原材料 大检查 三极管
太极拳 大西北 有利于 大循环 大自然 矿物质 有效期 三门峡 龙卷风 大奖赛 成交额
原单位 大部分 大辩论 大杂烩 秦始皇 三八式 三八节 夏令营 大体上 大会堂 存储器
百分数 百分之 大使馆 大伙儿 三合板 大集体 大众化 百分比 成绩单 原计划 万言书
友谊赛 硬设备 石膏像 月台票 朋友们 肝硬化 脱脂棉 肥胖症 受教育 月平均 用不着
县政府 助学金 及时性 助听器 胆固醇 县团级 采购员 乳制品 乳白色 服役期 服务台
服务员 服务业 服务站 服务部 服务费 服装厂 助记词 袁世凯 地区性 雪茄烟 塔斯社
老黄牛 坏东西 干革命 救世主 雪花膏 教职工 雷阵雨 嘉陵江 进出口 教职员 无限制
老古董 十三陵 老大难 老太太 盐碱地 示威者 超大型 老太婆 无非是 教研室 志愿军
志愿兵 老大哥 地面站 雷达站 老百姓 老大娘 老大爷 教研组 动脑筋 地县级 运动鞋
运动队 十二月 运动场 运动战 超声波 元老派 云南省 过去时 需求量 运动员 霹雳舞
二进制 十进制 老规矩 运动会 老一辈 十一月 进一步 地下室 老天爷 无政府 老婆子
教学法 老婆婆 无党派 喜洋洋 直流电 示波器 救济金 载波机 教学楼 干电池 南昌市
地中海 云贵川 进口车 进口货 运输队 动力学 运输机 运输线 直辖市 井冈山 喜剧片
专业性 专业化 专业课 专业户 无穷大 真实性 老祖宗 吉祥物 专案组 南宁市 超负荷
朝鲜族 老掉牙 献殷勤 无损于 地质学 救护车 二把手 动手术 走后门 无所谓 吉林省
南极洲 需要量 动植物 老板娘 规格化 博物院 专利法 专利号 动物园 进行曲 规律性
未知数 博物馆 专利权 起重机 教务长 老先生 土特产 支委会 无条件 增长率 老前辈
无产者 十六开 走资派 南美洲 裁判员 吉普车 示意图 老头儿 干着急 老资格 真善美
超产奖 专门化 培养费 未婚夫 未婚妻 城建局 老奶奶 老好人 坏分子 起作用 老八路
老人家 干什么 进修生 老爷爷 零售价 进化论 无线电 教练员 教练机 无纪律 培训班
超高频 教育界 教育局 教育处 教育部 南京市 天花板 理工科 开幕词 一阵子 现阶段
不能不 表达式 青春期 一辈子 两面派 麦克风 正确性 亚非拉 不在乎 表面化 麦乳精
副县长 互助组 青霉素 平均数 正规军 一块儿 副教授 开场白 还需要 班干部 平均奖
平均值 正规化 再教育 五一节 一下子 还不能 下一步 还不错 还不够 玻璃钢 理事长
开玩笑 理事会 青海省 整流器 政治局 政治性 政治家 政治犯 青少年 副省长 政治部
政治课 天津市 武汉市 一览表 到时候 一口气 表兄弟 一回事 列车员 列车长 不见得
不由得 还必须 殖民地 理发师 不必要 副局长 玉米面 事业心 事业费 不定期 一家子
事实上 烈军属 天安门 形容词 五角星 现金账 天然气 形象化 更年期 亚热带 豆制品
青年团 五指山 开后门 青年人 武术队 还可能 副标题 还可以 不得了 来得及 五笔型
不得不 五笔画 一系列 一等品 不得已 严重性 五笔桥 一等奖 再生产 弄得好 一般化

还将有　副总理　副产品　青壮年　表决权　一部分　现代戏　责任感　责任田　环保局　责任心
一会儿　责任制　一个样　更何况　致命伤　现代化　副食店　副经理　正弦波　还乡团　开绿灯
正比例　五线谱　天文台　一方面　王府井　天主教　正方形　天文学　王永民　平方米　更衣室
天文馆　副主席　死亡率　虚荣心　瞎胡闹　皮肤病　上下班　上下文　柴油机　上海市　上星期
旧中国　旧社会　旧金山　紫外线　卡拉奇　目的地　瞎指挥　卢森堡　凸透镜　上半年　战斗机
具体化　江苏省　波斯湾　水蒸气　游艺机　小孩子　消防车　海陆空　派出所　没出息　沈阳市
浮夸风　水龙头　小百货　活页纸　小朋友　活受罪　洗脸间　游击队　波士顿　游击战　河南省
湖南省　海南省　活动家　海南岛　汇款单　党支部　济南市　水平面　党政军　清一色　小青年
当事人　水平线　省政府　学龄前　清洁工　游泳场　游泳池　浙江省　渤海湾　激光器　小汽车
流水账　江泽民　小学校　洗澡间　党小组　流水线　光洁度　游泳衣　洗染店　洗涤剂　清明节
水电局　水电站　水电部　水果店　党中央　小吃部　小兄弟　演唱会　海口市　小品文　没办法
小轿车　省辖市　小册子　海内外　党内外　活见鬼　海岸线　津贴费　学习班　洗发膏　小数点
少数派　消炎片　小业主　省军区　小家伙　游乐场　游乐园　油印机　小儿科　洋白菜　洋鬼子
小摊贩　少年宫　少年犯　汇报会　法西斯　洛杉矶　少林寺　江西省　劣根性　学徒工　少先队
注射器　流行性　小算盘　学生装　流行病　小生产　常委会　党委会　水利化　源程序　学生证
混凝土　注意到　少壮派　河北省　湖北省　小商品　注意力　法兰西　没关系　洋娃娃　学杂费
小伙子　小分队　党代表　学分制　液化气　混合物　党代会　消费者　消费品　小组长　水磨石
洞庭湖　满州里　小夜曲　小市民　洽谈室　洗衣机　温度计　星期三　星期天　归功于　星期五
星期一　星期日　星期四　星期六　电子表　电子琴　电子学　电子管　电磁场　电磁波　日月潭
日用品　电动机　野战军　日光灯　临时工　电影院　临时性　电影机　电影片　电唱机　电风扇
影剧院　野心家　电灯泡　电业局　电烙铁　检察院　电视台　监视器　电视剧　影视业　电视机
鉴定会　畅销书　显像管　影印件　畅销货　电热器　电报局　紧接着　电气化　照相馆　照相机
里程碑　日程表　景德镇　显微镜　时间性　电冰箱　时装店　电信局　电传机　明信片　晶体管
螺丝钉　蝶恋花　时刻表　日记本　电话机　电讯稿　电话间　中草药　吃苦头　中联部　贵阳市
跑龙套　中顾委　中南海　吹鼓手　吃老本　呈现出　只不过　吃一堑　中下层　中青年　中小型
中小学　中学生　咖啡因　中距离　中国话　中山陵　吹风机　中山装　跑买卖　唯心论　哈密瓜
中宣部　哈尔滨　吐鲁番　中外文　吹牛皮　中西医　中秋节　吃得开　中短波　路透社　唯物论
中间派　中美洲　中立国　口头禅　吃闲饭　中间商　中间人　口头语　中低档　中低级　中纪委
中组部　贵州省　中高档　中文版　中文系　中高级　加工厂　轻工业　男子汉　国际法　国际性
边防军　男孩儿　国际歌　国防部　驾驶员　驾驶证　黑龙江　国有化　男朋友　连云港　团支书
边境证　四环素　四环路　办事员　办事处　圆珠笔　加班费　加速度　四步舞　团党委　加油站
胃溃疡　团小组　四川省　团中央　四边形　逻辑性　男同志　国内外　甲骨文　国民党　辅导员
图书馆　回忆录　国宾馆　黑社会　略多于　轻金属　软包装　圆白菜　转折点　圆括号　圆舞曲
贺年片　恩格斯　思想上　思想性　思想家　黑板报　国务院　田径赛　国务卿　四季歌　黑种人

车船费　团总支　轻音乐　四合院　加拿大　办公厅　四人帮　黑体字　团体赛　办公室　软件包
团体操　办公楼　田纪云　鸭绿江　连续剧　团组织　国庆节　略高于　转户口　连衣裙　团市委
国库券　车旅费　山东省　周期性　贮藏室　迪斯科　贮存器　见面礼　同志们　财政厅　邮政局
由不得　财政部　风湿病　风景区　邮电局　同盟军　邮电所　邮电部　周恩来　见习期　购买力
峨眉山　见习生　同性恋　内燃机　贝多芬　山西省　内科学　败血病　内务部　周总理　邮递员
同位素　内分泌　几何学　同乡会　同义词　改革者　改革派　局限性　履历表　尼龙袜　避孕药
发脾气　心脏病　惯用语　书刊号　必需品　避雷针　发动机　发起人　发刊词　心理学　民政局
恨不得　司法厅　发源地　司法局　书法家　司法部　展览厅　发明者　发电量　展览品　心电图
发明家　展览馆　发电机　发明奖　展览会　书呆子　收购价　习惯于　发展史　收发室　慢性病
导火线　以色列　必然性　展销会　蛋白质　发报机　收报人　书报费　尽可能　飞机场　必要性
发行量　飞行员　司务长　发行人　慰问电　慰问品　慰问团　收音机　慰问信　发病率　收录机
司令员　发货票　司令部　收信人　必修课　民主党　发言权　书记处　发言人　精确度　炊事班
数不清　炊事员　数理化　数目字　数学系　数学课　火电厂　数量级　火车头　火车站　煤炭部
爆炸性　精神病　数据库　业务员　粮食局　农艺师　农工商　实际上　实验田　实验室　寄存器
突破性　实用性　突击队　农副业　军事家　窝囊废　军政府　农具厂　农学院　初学者　穷光蛋
密电码　窝里斗　寒暑假　实力派　实习期　家属区　突发性　家属楼　实习生　冠心病　实业界
农业局　实业家　写字台　礼宾司　军乐队　穷折腾　礼拜天　实质上　之所以　审批权　字根表
农机具　农机站　农科院　家务事　安徽省　寄生虫　宇航局　军衔制　农产品　审判员　审判官
审判长　福建省　军分区　宣传队　宣传画　宣传品　宣传员　社会性　宋体字　农作物　宣传科
宣传部　社会化　神经质　守纪律　神经病　审计署　空调机　福州市　多功能　金黄色　金戒指
危险期　危险品　危险性　针对性　迎春花　争夺战　多面手　犹太人　鱼肝油　金霉素　外地人
多元化　象形字　负责制　外事处　负责任　负责人　外来货　外来语　留学生　多学科　外汇券
贸易额　杀虫剂　铁路局　银川市　外国籍　外国佬　外国人　外国货　外国语　金刚石　印刷品
急性病　印刷体　金字塔　迎宾馆　外祖父　邹家华　外祖母　钓鱼台　铁饭碗　急刹车　犯错误
乌托邦　多年来　金质奖　多样性　锦标赛　多样化　独生子　外向型　印第安　独生女　儿童节
解剖学　饲养员　免疫力　外交官　铁道兵　包装箱　外交部　铁道部　逛商店　儿媳妇　猪八戒
销售点　销售量　销售员　逛公园　销售网　独创性　饮食业　销售额　饮食店　针织品　乌纱帽
钢结构　解放区　多方面　印度洋　解放军　解放初　解放后　留言簿　外语系　解放前　多方位
印度人　解说词　手工艺　打基础　兵工厂　抗菌素　手工业　后勤部　反革命　拉萨市　反对派
找对象　兵马俑　所在地　所有制　打砸抢　所有权　扩大化　的确良　年月日　反过来　反动派
指示器　白求恩　指示灯　按规定　指南针　垃圾箱　反封建　托运费　排球队　看不起　年平均
接下来　执政党　排球赛　摆事实　近两年　接班人　挑战者　指战员　热水器　哲学家　哲学系
热水瓶　反浪费　热电厂　摄影师　打电报　摄影机　手电筒　热电站　打电话　舞蹈家　后遗症
挂号信　挂号费　热力学　年轻人　年轻化　近几年　指导员　所以然　抚恤金　批发商　批发价

反民主　打火机　失业率　近视眼　打官司　打字机　气象台　持久战　托儿所　打印机　拘留证
控制台　打扑克　乒乓球　近年来　指挥员　打招呼　指挥官　手提包　打手势　拖拉机　手指头
指挥部　摄制组　看样子　手术台　技术员　技术性　手术室　手榴弹　拉丁文　执行者　热处理
年利润　报务员　报告团　气管炎　接待室　后备军　招待所　所得税　接待站　制造商　招待会
报告会　撰稿人　抛物线　投递员　投资额　扩音机　拉关系　打交道　年产值　探亲假　热门货
反作用　反贪污　操作员　指令性　牛仔裤　打保票　搜集人　接线员　年终奖　反比例　反应堆
热衷于　找麻烦　批评家　邀请赛　换言之　打主意　反义词　松花江　核工业　林荫道　本世纪
橘子汁　相联系　相对性　可能性　相对论　核大国　权威性　核垄断　校友会　本地区　机动性
本专业　核裁军　标志着　西班牙　李瑞环　核武器　要不得　核战争　相当于　杨尚昆　想当然
本学科　核电站　查号台　木器厂　歌唱家　机器人　核辐射　相思病　核发电　核导弹　核爆炸
林业部　检察院　检察厅　检字法　检察员　检察署　档案室　检察官　档案袋　西宁市　西安市
李铁映　根据地　歌舞团　核技术　本年度　核反应　本报讯　根本上　检查站　机械化　檀香山
可行性　可靠性　棉毛衫　本科生　机务段　李先念　本系统　相适应　西半球　相关性　机关报
机关枪　检疫站　西北部　桥头堡　本单位　标准化　覆盖率　木偶戏　棉织品　西红柿　核弹头
相结合　核试验　杭州市　季节性　重工业　穆斯林　向阳花　自卫队　各阶层　各院校　很能够
千百万　第三者　片面性　私有制　私有权　科威特　血压计　长春市　各县区　适用于　各地区
很需要　科教片　奥运会　自动化　行政区　条形码　自来水　物理学　第一流　处理品　智囊团
特殊性　篮球赛　微型机　长一智　航天部　系列化　第一线　管理费　毛泽东　自治区　科学院
冬小麦　选举法　特派员　科学界　微波炉　科学家　选举权　各学科　选举人　生活费　各省市
长沙市　自治州　利润率　长时期　千里马　微电脑　微电机　重量级　委员长　委员会　等距离
生力军　自由式　自由泳　自由化　自由诗　自民党　自发性　秘书室　很必要　秘书长　秘书处
秘书科　自己人　自以为　各民族　待业者　很容易　复写纸　先锋队　自留地　等外品　自然界
签名册　重金属　自然数　复印机　复印件　知名度　委托书　很可能　版权法　积极性　重要性
生物学　私生活　牺牲品　乘务员　自行车　生物界　税务局　各行业　各处室　怎么样　微生物
生物系　怎么着　特等奖　筹委会　筹备会　德智体　微积分　靠得住　筹备组　特效药　德意志
生产者　生产力　物资局　自尊心　向前看　各部委　各总部　各单位　各部分　生产线　生产率
处女地　复杂性　筹建处　物价表　生命力　物价局　自信心　我们的　算什么　生命线　血细胞
系统性　等比例　自豪感　各方面　各市县　各市地　短训班　自变量　知识界　知识性　程序包
自主权　笔记本　翻译片　适应征　备忘录　长方体　知识化　毛主席　重庆市　闭幕式　新世界
总工会　闭幕词　交际花　凝聚力　美联社　交际舞　交通警　站台票　交通部　普通话　半成品
准确性　意大利　总面积　总成绩　准确度　立脚点　曾用名　亲爱的　半月谈　养老院　站起来
总动员　北朝鲜　养老金　半封建　新天地　养殖场　差一点　差不多　前不久　问事处　着眼点
差点儿　总目标　交流电　闪光灯　奖学金　交流会　新时期　闪电战　病虫害　阅览室　交易额
交易所　交易会　立足点　新中国　交响曲　商品粮　交响乐　产品税　意味着　商品化　总路线

养路费　总罢工　新加坡　半边天　新四军　装甲兵　新风尚　意见书　新风气　意见簿　新局面
决心书　阑尾炎　总收入　半导体　总书记　商业区　塑料布　商业网　商业局　商业部　塑料袋
兼容性　盗窃案　盗窃犯　新社会　装饰品　音乐家　誉印社　冲锋枪　冶金部　音乐会　阅兵式
装卸队　交换台　交接班　新气象　总指挥　交换机　新技术　间接税　总投资　辩护人　站柜台
商标法　北极星　美术界　资本家　单板机　资本论　单身汉　门牌号　总务科　关系户　疗养院
北半球　北冰洋　北美洲　总产量　北斗星　新产品　新闻界　判决书　新闻社　立交桥　新闻片
新闻系　总产值　疯人院　立体声　总代表　总领事　总人口　总公司　总人数　新华社　产供销
总费用　总经理　总编辑　新颖性　新纪录　总统府　单方面　意识到　辩证法　总方针　交谊舞
立方根　门市部　门诊部　立方体　北京人　新变化　郑州市　北京市　好莱坞　群英会　女孩子
女青年　忍不住　那当然　巡洋舰　那时候　如果说　巡逻队　好办法　女同胞　女同志　建军节
好容易　录像带　录像机　杂技团　录音机　好样的　建筑队　那么样　建筑物　灵敏度　录音带
录音机　妇女节　婚姻法　妇女界　姊妹篇　杂货铺　退休金　姚依林　录像片　退休费　女强人
建设者　女主人　全世界　储蓄所　人世间　保险金　分阶段　化验室　华盛顿　假面具　传达室
公有制　化肥厂　作用于　信用卡　作用力　信用社　使用权　伤脑筋　合肥市　使用率　促进派
优越性　八进制　全过程　修理工　代表团　代表性　值班室　领事馆　分理处　人事科　愈来愈
代理人　合理化　体温表　含水量　分水岭　化学家　贪污犯　化学系　保温瓶　传染病　公里数
供电站　集中营　合唱团　全中国　八路军　信号弹　食品店　俄罗斯　停车场　侵略者　全国性
候车室　侵略军　代办处　传输线　合同工　合同法　集邮册　合同制　领导者　领导权　人民币
追悼会　借书证　全民族　企业界　企业家　分数线　公安厅　保守党　保守派　侦察员　八宝山
传家宝　侦察兵　公安处　公安部　全社会　仿宋体　食宿费　含金量　伏尔加　偶然性　供销社
供销科　俱乐部　代销店　代名词　伊拉克　今年内　公检法　售票员　候机室　合格证　人造革
人生观　叙利亚　优生学　信息量　休息日　公务员　创造性　人造棉　什么样　候选人　人造丝
全系统　信息论　仅次于　化妆品　伤病员　健美操　集装箱　分辨率　仪仗队　焦化厂　售货员
做作业　公使馆　售货摊　保健操　集体舞　集体制　集体化　伙食费　催化剂　个体户　售货亭
介绍人　介绍信　众议院　会议厅　体育场　会计师　众议员　舆论界　会计室　体育馆　修订本
登记处　做文章　俗话说　继承法　继承权　继承人　维也纳　绝对值　绝对化　强有力　编者按
结束语　红眼病　终点站　统战部　经济学　继电器　编辑室　编辑部　绘图仪　练习簿　练习题
练习曲　练习本　毕业生　幼儿园　经贸部　经销部　红外线　经手人　幻想曲　红楼梦　结核病
维生素　纯利润　比利时　纪律性　纪录片　纪念碑　纪念日　纪念品　红领巾　比例尺　纵坐标
综合征　维修组　纺织厂　红细胞　组织上　纺织品　红绿灯　缝纫机　组织部　经纬度　统计表
统计学　统计图　统计局　广东省　调节器　记工员　文工团　文艺界　计划内　计划性　计划外
文艺报　计划处　调节税　诸葛亮　讲卫生　高难度　市面上　变压器　请愿书　方面军　高压锅
座右铭　放大镜　误码率　应用于　盲肠炎　主动脉　文教界　主动性　方块字　望远镜　主动权
房地产　启示录　记者证　变速器　说不得　盲目性　文具盒　文具店　高水平　文学界　文学家

文汇报 高消费 应当说 译电员 这里边 说明书 放映机 度量衡 变电站 这时候 证明人
证明信 就是说 调味品 市中心 高中生 废品率 市辖区 高加索 主力军 为四化 衣帽间
高蛋白 订书机 应届生 高层次 高精尖 毫米波 计数器 议定书 高密度 试金石 永久性
变色镜 高气压 读后感 高质量 方括号 摩托车 译制片 高年级 方框图 高才生 高标准
许可证 高血压 庄稼地 庄稼汉 庄稼活 话务员 畜牧业 毫微米 旅行社 义务兵 计算所
计算机 这么样 方向盘 广告牌 毫微秒 房管科 说得好 高利贷 庄稼人 放射线 房租费
高利率 高效能 高姿态 畜产品 高产田 房产科 高效益 广交会 夜总会 记录本 记录片
高分子 方便面 计分表 文件夹 访华团 豪华车 文化界 记分册 文化宫 文化馆 这会儿
文件柜 为什么 唐人街 文化部 文件袋 主人翁 高强度 设计院 主席台 设计者 设计师
评论员 主席团 评论家 主旋律 论文集 京广线 语文课 广州市

同步训练 3.4.3　四字词组

【任务介绍】　认识四字词组的输入方法及重要性。

【任务要求】

（1）学会输入四字词组的方法；

（2）在训练的过程中记住一些常用的四字词组。

【训练内容】　较熟练地输入常见的四字词组。

四字词组的编码为：依次输入每个汉字的第一个字根码。

例如："打草惊蛇"分别取这四个字的第一字根，就是"扌""艹""忄""虫"，这四个字根所在的键分别为"RANJ"，所以"打草惊蛇"的编码就是"RANJ"。

四字词组练习

卧薪尝胆 落花流水 蒸蒸日上 熙熙攘攘 勤勤恳恳 勤工俭学 戒骄戒躁 藏龙卧虎
敬而远之 巧夺天工 基础理论 工矿企业 其貌不扬 若无其事 劳动模范 劳动人民
劳动保护 莎士比亚 劳动纪律 花天酒地 惹是生非 萍水相逢 莫名其妙 苦口婆心
世界形势 世界经济 世界纪录 东山再起 功败垂成 劳民伤财 萤火虫儿 工农联盟
其实不然 切实可行 或多或少 莫名其妙 黄金时代 世外桃源 节外生枝 甘拜下风
基本原则 基本路线 基本国策 基本建设 草木皆兵 鞭长莫及 鞠躬尽瘁 医疗卫生
茁壮成长 蓬头垢面 共产党员 巧立名目 工商银行 工资级别 共产主义 工人阶级
革命战争 欺人之谈 工作总结 工作人员 花言巧语 莫衷一是 英文键盘 东施效颦
节衣缩食 出其不意 孤芳自赏 孜孜不倦 孤陋寡闻 阳奉阴违 出奇制胜 阳春白雪
随声附和 除此之外 随波逐流 孤注一掷 随时随地 聪明才智 随心所欲 出类拔萃
职业道德 聚精会神 孤家寡人 了解情况 出尔反尔 随机应变 隆重开幕 出租汽车
联系业务 联系实际 取长补短 联系群众 耳闻目睹 承前启后 了如指掌 降低成本

出人头地	阿弥陀佛	出谋划策	陈词滥调	阴谋诡计	能工巧匠	艰苦奋斗	艰苦卓绝
艰难险阻	难能可贵	鸡犬不宁	骄奢淫逸	参考消息	能者多劳	参考资料	马到成功
勇于探索	马来西亚	马不停蹄	马列主义	能上能下	对内搞活	通情达理	通宵达旦
对外开放	对外贸易	欢欣鼓舞	骄兵必败	对牛弹琴	鸡毛蒜皮	勇往直前	对症下药
通货膨胀	通信地址	骇人听闻	通俗读物	又红又专	通信卫星	克勤克俭	百花齐放
奋勇当先	悲欢离合	郁郁葱葱	夸夸其谈	万寿无疆	石破天惊	兢兢业业	原原本本
大有可为	万古长青	大有作为	面貌一新	克服困难	大腹便便	有声有色	万无一失
大声疾呼	万事大吉	有理有据	奋不顾身	奇形怪状	原形毕露	故弄玄虚	有目共睹
百战百胜	面目一新	顾此失彼	万紫千红	大江东去	石沉大海	感激涕零	大兴安岭
万水千山	大显身手	万里长征	历史潮流	大器晚成	历史意义	大风大浪	大同小异
非同小可	威风凛凛	百发百中	克己奉公	奋发图强	龙飞凤舞	大快人心	百炼成钢
励精图治	丰富多彩	百家争鸣	石家庄市	古色古香	有名无实	万象更新	顾名思义
有色金属	百年大计	在所不惜	百折不挠	大势所趋	有的放矢	有根有据	有机玻璃
成本核算	大智若愚	大千世界	有条有理	有备无患	三长两短	三番五次	有条不紊
成千上万	春秋战国	百科全书	大逆不道	友好往来	大刀阔斧	顾全大局	胡作非为
大公无私	三令五申	万众一心	破釜沉舟	成人之美	百货商店	耐人寻味	百货公司
牵强附会	寿终正寝	大张旗鼓	丰衣足食	大庭广众	爱莫能助	胸有成竹	脱胎换骨
肝胆相照	脚踏实地	爱国主义	悬崖勒马	爱憎分明	脍炙人口	服务态度	脱颖而出
声东击西	无孔不入	喜出望外	走马观花	干劲十足	无能为力	老马识途	朝三暮四
博古通今	无奇不有	雷厉风行	地大物博	动脉硬化	赤膊上阵	南腔北调	专用设备
直截了当	雷霆万钧	井井有条	雨过天晴	无动于衷	无地自容	远走高飞	喜形于色
无恶不作	起死回生	地下铁路	救死扶伤	无事生非	无与伦比	未卜先知	云消雾散
无法无天	无济于事	教学相长	违法乱纪	老当益壮	无坚不摧	无足轻重	声嘶力竭
无中生有	雪中送炭	无边无际	顽固不化	求同存异	远见卓识	志同道合	专心致志
无以复加	无米之炊	专业人员	无穷无尽	声色俱厉	朝气蓬勃	雨后春笋	无所用心
走投无路	老气横秋	无所适从	二氧化碳	无所作为	无的放矢	无可厚非	无可奉告
无可奈何	无可非议	载歌载舞	罄竹难书	无往不胜	无微不至	老生常谈	运筹帷幄
真知灼见	截长补短	无稽之谈	喜笑颜开	南征北战	埋头苦干	埋头工作	无产阶级
喜新厌旧	老羞成怒	十六进制	无病呻吟	喜闻乐见	规章制度	博闻强记	老奸巨猾
进退维谷	喜怒哀乐	封建主义	十全十美	求全责备	无价之宝	真凭实据	超级大国
无缘无故	城乡差别	超级市场	支离破碎	献计献策	老谋深算	培训中心	无论如何
无庸讳言	不甘落后	不劳而获	玩世不恭	青黄不接	不切实际	天花乱坠	一落千丈
一劳永逸	形式主义	事出有因	不耻下问	严阵以待	两面三刀	来龙去脉	一成不变
画龙点睛	形而上学	王码汉卡	正大光明	王码电脑	死灰复燃	事在人为	不受欢迎

不胜枚举	五彩缤纷	不求甚解	一塌胡涂	不动声色	事过境迁	一朝一夕	环境污染
一无是处	一塌糊涂	理直气壮	政协委员	责无旁贷	环境保护	画地为牢	事与愿违
严正声明	死不瞑目	吞吞吐吐	开天辟地	不正之风	刑事犯罪	至理名言	刑事处分
下不为例	一目了然	平步青云	逼上梁山	与此同时	弄虚作假	到此为止	开源节流
政治面目	五光十色	不学无术	一尘不染	一举两得	天涯海角	五湖四海	形影不离
画蛇添足	平易近人	一日千里	表里如一	与日俱增	来日方长	一鸣惊人	不遗余力
天罗地网	一国两制	不置可否	一团和气	歪风邪气	一败涂地	一帆风顺	开展工作
不翼而飞	死心塌地	不屈不挠	开展业务	开发利用	恶性循环	一发千钧	事必躬亲
理屈词穷	一窍不通	一视同仁	束之高阁	列宁主义	一针见血	天气预报	再接再厉
不折不扣	不卑不亢	死气沉沉	理所当然	一气呵成	一丘之貉	一技之长	不择手段
不打自招	一概而论	不可救药	不可一世	不可开交	一本正经	不可否认	不相上下
不可思议	严格要求	不可分离	一筹莫展	死得其所	一箭双雕	天翻地覆	一往无前
天造地设	严重事故	平等互利	焉得虎子	不入虎穴	五笔字型	一笔勾销	不知所云
不知所措	一般说来	事半功倍	一意孤行	不闻不问	班门弄斧	开门见山	更新换代
整装待发	严肃查处	一如既往	事倍功半	两全其美	五谷丰登	来人来函	现代汉语
殊途同归	五体投地	平分秋色	融会贯通	一分为二	与人为善	不约而同	天经地义
一丝不苟	青红皂白	不言而喻	不谋而合	至高无上	天衣无缝	平方公里	天方夜谭
眼花缭乱	目不暇接	目瞪口呆	目光短浅	目中无人	上山下乡	上层建筑	目空一切
上窜下跳	瞬息万变	上行下效	战斗英雄	虎头蛇尾	虚张声势	尚方宝剑	眼高手低
旧调重弹	水落石出	小巧玲珑	举世闻名	洗耳恭听	汗马功劳	流通渠道	满面春风
汇丰银行	澳大利亚	温故知新	光彩夺目	逍遥法外	油腔滑调	满腔热情	涂脂抹粉
清规戒律	漫无边际	满城风雨	深圳特区	治理整顿	举一反三	党政机关	漠不关心
深恶痛绝	光天化日	漫不经心	津津有味	水泄不通	添油加醋	港澳同胞	淋漓尽致
水深火热	浑水摸鱼	沾沾自喜	水涨船高	泡沫塑料	波澜壮阔	流水作业	光明磊落
小题大做	兴师动众	光明正大	光明日报	兴旺发达	举足轻重	兴味盎然	水中捞月
削足适履	赏罚分明	深思熟虑	海峡两岸	兴风作浪	漫山遍野	光怪陆离	深情厚谊
学以致用	赏心悦目	小心翼翼	满怀信心	少数民族	没精打采	小农经济	海外侨胞
滚瓜烂熟	少年儿童	游手好闲	举棋不定	消极因素	当机立断	少先队员	兴利除弊
法律顾问	深入浅出	潜移默化	党委书记	当务之急	滥竽充数	海阔天空	活灵活现
浩如烟海	沁人肺腑	当仁不让	深化改革	党纪国法	海市蜃楼	流言蜚语	兴高采烈
深谋远虑	尚方宝剑	日暮途穷	歇斯底里	电子技术	畅通无阻	显而易见	是非曲直
暴露无遗	暗无天日	日理万机	晴天霹雳	时不我待	明目张胆	暴跳如雷	坚固耐用
临界状态	暴风骤雨	螳臂当车	夜以继日	坚定不移	昭然若揭	临危不惧	紧急措施
冒名顶替	最后通牒	电报挂号	归根到底	明知故犯	日积月累	日新月异	明辨是非

晕头转向	昂首阔步	坚忍不拔	坚如磐石	量体裁衣	愚公移山	坚强不屈	电话号码
里应外合	口若悬河	叶落归根	中共中央	顺藤摸瓜	别出心裁	患难与共	患难之交
别有用心	中直机关	史无前例	别开生面	另一方面	中流砥柱	川流不息	顺水推舟
口是心非	咄咄怪事	踏踏实实	中国青年	中国政府	中国银行	中国人民	中央军委
中央委员	中央领导	中央全会	忠心耿耿	呕心沥血	唯心史观	另辟蹊径	中心任务
唯心主义	听之任之	只争朝夕	哈尔滨市	中外合资	顺手牵羊	响彻云霄	吹毛求疵
呼和浩特	唯利是图	患得患失	啼笑皆非	唯物主义	中间环节	中华民族	叶公好龙
叹为观止	中文电脑	中庸之道	中文键盘	趾高气扬	中文信息	斩草除根	轻工业部
国防大学	国际货币	国际市场	因陋就简	国际主义	黔驴技穷	四通八达	罪大恶极
黑龙江省	轻而易举	四面楚歌	四面八方	罪有应得	因地制宜	罪恶滔天	力不从心
固步自封	默默无闻	轰轰烈烈	轻车熟路	国内市场	国民收入	国民经济	墨守成规
置之不理	国家机关	国家利益	固定资产	置之度外	轩然大波	斩钉截铁	力争上游
连锁反应	轻描淡写	罪魁祸首	力挽狂澜	因势利导	轻描淡写	思想感情	思想内容
思想方法	连篇累牍	国务委员	畏首畏尾	男女老少	四舍五入	四化建设	边缘学科
加强团结	边缘科学	国计民生	轻诺寡信	同甘共苦	同工同酬	同工异曲	岂有此理
周而复始	风起云涌	风雨同舟	邮政编码	由此及彼	由此可见	风尘仆仆	同归于尽
雕虫小技	风吹草动	贼喊捉贼	见风使舵	同心协力	见异思迁	同心同德	内忧外患
刚愎自用	内燃机车	山穷水尽	内外交困	同舟共济	删繁就简	内部矛盾	山头主义
风华正茂	同仇敌忾	见缝插针	见义勇为	风调雨顺	风靡一时	同床异梦	飞黄腾达
改革开放	心甘情愿	心花怒放	层出不穷	快马加鞭	发达国家	发奋图强	心有余悸
以貌取人	屡教不改	发扬光大	改朝换代	以理服人	惊天动地	恬不知耻	情不自禁
惨淡经营	心照不宣	心明眼亮	心旷神怡	发明创造	异口同声	发号施令	民办科技
屡见不鲜	异曲同工	居心叵测	惊心动魄	眉飞色舞	习惯势力	惊惶失措	恰恰相反
发展生产	忧心如焚	心悦诚服	心烦意乱	买空卖空	心安理得	司空见惯	恍然大悟
以逸待劳	发扬光大	飞扬跋扈	情报检索	情投意合	异想天开	以权谋私	心血来潮
以身作则	尽善尽美	改头换面	恰如其分	诲人不倦	发人深省	心领神会	民主党派
民族团结	炎黄子孙	精耕细作	烟消云散	精雕细刻	燃眉之急	断断续续	精神财富
精神文明	粗制滥造	精兵简政	精打细算	粗枝大叶	粉身碎骨	断章取义	精益求精
精疲力竭	糖衣炮弹	实际情况	神出鬼没	客观存在	视而不见	宁夏回族	家用电器
神采奕奕	完整无缺	牢不可破	农副产品	宾至如归	容光焕发	冠冕堂皇	审时度势
空中楼阁	守口如瓶	家喻户晓	祸国殃民	祖国统一	襟怀坦白	完璧归赵	农民日报
实心实意	突飞猛进	安居乐业	襟怀坦白	农业生产	安家落户	突然袭击	安然无恙
额外负担	农贸市场	袖手旁观	神机妙算	神乎其神	空头支票	空前绝后	社会实践
安全检查	寄人篱下	社会科学	安全系数	社会关系	安全保密	社会公德	社会变革

社会主义　神经过敏　穷乡僻壤　神经衰弱　家庭出身　察言观色　家庭副业　锋芒毕露
狼子野心　独出心裁　铁面无私　锲而不舍　危在旦夕　煞有介事　名胜古迹　销声匿迹
怨声载道　急起直追　多才多艺　铜墙铁壁　名副其实　金碧辉煌　名列前茅　金融市场
名正言顺　多此一举　独占鳌头　锦上添花　触目惊心　急流勇退　饮水思源　触景生情
急风暴雨　迎风招展　狼心狗肺　独断专行　触类旁通　针锋相对　多多益善　狼狈为奸
铁树开花　独树一帜　危机四伏　乐极生悲　名符其实　争先恐后　独生子女　银行账号
多种多样　银行利率　多愁善感　多种经营　独立王国　包产到户　独立核算　独立自主
迎头痛击　外部设备　迎刃而解　争分夺秒　狐假虎威　饱食终日　煞费苦心　铺张浪费
外强中干　错综复杂　解放军报　按劳取酬　兵荒马乱　打草惊蛇　反攻倒算　推陈出新
掩耳盗铃　指桑骂槐　打破常规　迫在眉睫　后顾之忧　反唇相讥　抛砖引玉　披肝沥胆
投井下石　返老还童　势均力敌　后起之秀　按需分配　年老体弱　扭亏为盈　拥政爱民
迫不及待　势不两立　挂一漏万　据理力争　后来居上　拭目以待　热泪盈眶　推波助澜
拖泥带水　振兴中华　近水楼台　搞活经济　指法训练　披星戴月　抗日战争　按时完成
手足无措　兵贵神速　捷足先登　拈轻怕重　近几年来　捕风捉影　排山倒海　提心吊胆
扬眉吐气　掉以轻心　指导思想　后发制人　热火朝天　执迷不悟　年富力强　挖空心思
持之以恒　气象万千　气急败坏　挥金如土　气势磅礴　振振有词　白手起家　打抱不平
抑扬顿挫　气势汹汹　牛鬼蛇神　手舞足蹈　招兵买马　招摇撞骗　欣欣向荣　拍手称快
摇摇欲坠　斤斤计较　挑拨离间　技术革新　技术革命　拉丁美洲　技术咨询　投机倒把
挺身而出　扬长而去　反复无常　扬长避短　拨乱反正　所向披靡　报告文学　抛头露面
气壮山河　势如破竹　报仇雪恨　操作规程　鬼斧神工　所作所为　损人利己　操作系统
提纲挈领　瓜熟蒂落　提高警惕　摇旗呐喊　拐弯抹角　推广应用　歌功颂德　本职工作
相对而言　本来面目　相互理解　相形见绌　相互信任　标点符号　根深蒂固　杯水车薪
柳暗花明　相辅相成　木已成舟　歌舞升平　相提并论　本报记者　可想而知　模棱两可
格格不入　机构改革　可歌可泣　枯木逢春　栩栩如生　枪林弹雨　横向联合　棋逢对手
想入非非　横行霸道　相得益彰　西装革履　标新立异　杞人忧天　相依为命　本位主义
相比之下　想方设法　自欺欺人　繁荣昌盛　繁荣富强　处世哲学　移花接木　各式各样
乱七八糟　科研成果　自顾不暇　生龙活虎　自古以来　各大军区　第三产业　利用职权
笑逐颜开　千载难逢　得过且过　得寸进尺　先进事迹　生动活泼　循规蹈矩　自动控制
长远利益　先进集体　和平共处　自下而上　入不敷出　生吞活剥　微不足道　得天独厚
繁琐哲学　翻天覆地　行政机关　行政管理　管理体制　重整旗鼓　自上而下　刮目相看
自学成才　科学研究　生活水平　短小精悍　科学技术　自觉自愿　科学管理　翻江倒海
科学分析　生活方式　身临其境　简明扼要　自暴自弃　等量齐观　矢口否认　自吹自擂
自鸣得意　智力开发　自力更生　利国福民　先斩后奏　智力投资　乘风破浪　委曲求全
移风易俗　先见之明　身败名裂　移山倒海　和风细雨　物尽其用　自惭形秽　物以类聚

各尽所能　先发制人　私心杂念　身心健康　自以为是　得心应手　待业青年　行之有效
物宝天华　笑容可掬　千锤百炼　自负盈亏　千钧一发　臭名昭著　自然资源　知名人士
垂手而得　稳操胜券　科技日报　长年累月　物质财富　各抒己见　物质奖励　科技人员
科技市场　物质文明　奥林匹克　甜酸苦辣　自相矛盾　适可而止　矫枉过正　积极因素
生机盎然　物极必反　各行其是　繁简共容　适得其反　微乎其微　积重难返　自告奋勇
身先士卒　微处理机　千篇一律　自知之明　自我批评　我行我素　各行各业　各种各样
循循善诱　各自为政　先入为主　千头万绪　垂头丧气　和颜悦色　简单扼要　彻头彻尾
生产资料　生产关系　惩前毖后　生产方式　得意忘形　稳如泰山　自始至终　自食其果
自食其力　自作聪明　自命不凡　身体力行　待人接物　利欲熏心　利令智昏　等价交换
迄今为止　系统工程　身经百战　千丝万缕　各级党委　各级领导　千方百计　知识更新
循序渐进　程序逻辑　甜言蜜语　秋高气爽　程序控制　知识分子　丢卒保车　程序结构
程序变换　程序设计　旁若无人　奖勤罚懒　将功赎罪　前功尽弃　总工程师　半工半读
新陈代谢　交通规则　总参谋部　头破血流　头面人物　总而言之　道貌岸然　装腔作势
前无古人　斗志昂扬　闻过则喜　卷土重来　壮志凌云　背井离乡　疲于奔命　总政治部
帝王将相　疾恶如仇　闭目塞听　首当其冲　逆水行舟　新兴产业　遵照执行　半路出家
美中不足　闭路电视　冷嘲热讽　道听途说　商品经济　善罢甘休　前车之鉴　前因后果
前车可鉴　并驾齐驱　帝国主义　闻风丧胆　曾几何时　首屈一指　闲情逸致　兼收并蓄
痛改前非　痛心疾首　痴心妄想　产业革命　冲锋陷阵　闻名遐迩　总后勤部　前所未有
闻所未闻　意气风发　单枪匹马　装模作样　资本主义　头重脚轻　并行不悖　立竿见影
尊重知识　病入膏肓　门庭若市　新闻联播　资产阶级　背道而驰　头头是道　闭门思过
闭门造车　新闻简报　养尊处优　亲痛仇快　新闻记者　单刀直入　善始善终　半途而废
新华书店　前仆后继　总会计师　背信弃义　总结经验　辛亥革命　门庭若市　北京时间
冷言冷语　如获至宝　如出一辙　好大喜功　如愿以偿　忍辱负重　九霄云外　妙趣横生
忍无可忍　好事多磨　如此而已　鼠目寸光　如虎添翼　如上所述　如法炮制　灵丹妙药
怒发冲冠　好逸恶劳　如鱼得水　既然如此　如饥似渴　忍气吞声　灵机一动　杂乱无章
既往不咎　建筑材料　如释重负　群策群力　如意算盘　群众观点　忍俊不禁　群众路线
始终不渝　好高骛远　好为人师　公共场所　公共汽车　作茧自缚　偷工减料　任劳任怨
保卫祖国　八面玲珑　华而不实　集成电路　人寿保险　作威作福　借古讽今　集腋成裘
人才辈出　众志成城　领土完整　何去何从　贫下中农　贪天之功　偷天换日　供不应求
众目睽睽　贪污受贿　化学元素　人浮于事　停滞不前　偷梁换柱　含沙射影　贪污盗窃
全党全国　全党全军　似是而非　借题发挥　信口开河　信口开合　偏听偏信　体力劳动
全力以赴　全国各地　集思广益　伤风败俗　贪赃枉法　登峰造极　人尽其才　领导干部
舍己救人　人民政府　人民日报　合情合理　全心全意　企业管理　倾家荡产　人定胜天
从容不迫　贪官污吏　全神贯注　舍近求远　众所周知　体制改革　优质产品　人杰地灵

追根究底　贪得无厌　分秒必争　众矢之的　信息反馈　信息处理　人微言轻　焦头烂额
分道扬镳　众叛亲离　合资企业　仅供参考　倾盆大雨　个人成分　假公济私　任人唯贤
任人唯亲　个人利益　集体利益　公费医疗　集市贸易　釜底抽薪　健康状况　毕恭毕敬
绝大多数　绝大部分　引进技术　绝无仅有　绘声绘色　纷至沓来　统一思想　弱不禁风
统一计划　综上所述　纸上谈兵　经济基础　结党营私　约法三章　纲举目张　经济危机
经济制裁　经济杠杆　经济核算　经济特区　经济管理　细水长流　经济效益　绞尽脑汁
费尽心机　引以为戒　约定俗成　缩手缩脚　纵横驰骋　缘木求鱼　纸醉金迷　继往开来
贯彻执行　统筹兼顾　惟妙惟肖　综合治理　引人注目　结合实际　综合利用　引经据典
组织纪律　强词夺理　寥若晨星　计划生育　讳莫如深　充耳不闻　熟能生巧　言而有信
望而却步　言而无信　应有尽有　广大群众　为非作歹　应用技术　言过其实　遍地开花
读者来信　文过饰非　义无反顾　旗鼓相当　市场信息　毫无疑问　毫无疑义　读者论坛
文不对题　词不达意　言不由衷　义不容辞　刻不容缓　旗开得胜　高瞻远瞩　谈虎色变
为虎作伥　亦步亦趋　调虎离山　谦虚谨慎　高深莫测　廉洁奉公　方兴未艾　望洋兴叹
谨小慎微　言归于好　文明礼貌　言听计从　忘恩负义　旗帜鲜明　望风披靡　言必有据
齐心协力　记忆犹新　高屋建瓴　夜以继日　诚心诚意　高官厚禄　熟视无睹　废寝忘食
庞然大物　高尔夫球　方针政策　言外之意　应接不暇　广播电台　调兵遣将　意气风发
文质彬彬　为所欲为　主要原因　调查研究　望梅止渴　变本加厉　主要问题　高等院校
刻舟求剑　永垂不朽　高等学校　计算中心　谈笑风生　语重心长　夜长梦多　妄自尊大
说长道短　主管部门　麻痹大意　讳疾忌医　亡羊补牢　摩拳擦掌　证券交易　诸如此类
请君入瓮　文化教育　讨价还价　谈何容易　文人相轻　放任自流　衣食住行　恋恋不舍
这就是说　高谈阔论

同步训练 3.4.4　多字词组

【任务介绍】　较熟练地输入常见的多字词组。

【任务要求】

（1）学会输入多字词组的方法；

（2）在训练的过程中记住一些常用的多字词组。

【训练内容】　较熟练地输入常见的多字词组。

四字词组的编码，按"一、二、三、末"的规则，取第一、二、三及最末一个字的第一码，共为四码。

例如："新疆维吾尔自治区"分别取"新疆维区"的第一字根，即"立"、"弓"、"纟"、"匚"，这四个字根对应的键分别是"UXXA"，所以"新疆维吾尔自治区"的编码就是"UXXA"。

多字词组练习

马克思主义	喜马拉雅山	更上一层楼	现代化建设	上接第一版	常务委员会	小资产阶级
中国共产党	中国科学院	中央政治局	中央电视台	中央办公厅	中央书记处	中央各部委
中央委员会	国务院总理	四个现代化	发明家分会	发展中国家	快刀斩乱麻	民主集中制
军事委员会	西藏自治区	毛泽东思想	疾风知劲草	新技术革命	新闻发言人	新闻发布会
新华通讯社	新华社记者	人大常委会	人民大会堂	全民所有制	集体所有制	为人民服务
评论员文章	有志者事竟成	历史唯物主义	百闻不如一见	王码电脑公司	政治协商会议	
五笔字型电脑	理论联系实际	汉字输入技术	坚持改革开放	中国人民银行	中央国家机关	
内蒙古自治区	风马牛不相及	本报特约记者	可望而不可即	新华社北京电	辩证唯物主义	
全国各族人民	人民代表大会	马克思列宁主义	一切从实际出发	中共中央总书记		
中国人民解放军	中华人民共和国	宁夏回族自治区	打破砂锅问到底	科学技术委员会		
新华社香港分社	广西壮族自治区	百尺竿头更进一步	坚持四项基本原则			
中央人民广播电台	以经济建设为中心	新疆维吾尔自治区	全国人民代表大会			

技能3.5　综合文章录入训练

【训练指导】
- 离散文章
- 连续文章

【训练目标】 严格按照指法要求，可盲打。

在训练的初期，通常因为不习惯由打单字向打文章转变，不习惯打词组，会经常碰到没打过的字，影响输入速度。尽量做到用眼睛的余光看屏幕，基本上只看稿打字。首先看屏幕练习，在速度较快后，逐步转向看稿练习。

同步训练3.5.1　离散文章录入

千字文练习

天地玄黄	宇宙洪荒	日月盈昃	辰宿列张	寒来暑往	秋收冬藏	闰馀成岁	律吕调阳
云腾致雨	露结为霜	金生丽水	玉出昆冈	剑号巨阙	珠称夜光	果珍李柰	菜重芥姜
海咸河淡	鳞潜羽翔	龙师火帝	鸟官人皇	始制文字	乃服衣裳	推位让国	有虞陶唐
吊民伐罪	周发殷汤	坐朝问道	垂拱平章	爱育黎首	臣伏戎羌	遐迩一体	率宾归王
鸣凤在竹	白驹食场	化被草木	赖及万方	盖此身发	四大五常	恭惟鞠养	岂敢毁伤
女慕贞洁	男效才良	知过必改	得能莫忘	罔谈彼短	靡恃己长	信使可复	器欲难量

墨悲丝染　诗赞羔羊　景行维贤　克念作圣　德建名立　形端表正　空谷传声　虚堂习听
祸因恶积　福缘善庆　尺璧非宝　寸阴是竞　资父事君　曰严与敬　孝当竭力　忠则尽命
临深履薄　夙兴温清　似兰斯馨　如松之盛　川流不息　渊澄取映　容止若思　言辞安定
笃初诚美　慎终宜令　荣业所基　籍甚无竟　学优登仕　摄职从政　存以甘棠　去而益咏
乐殊贵贱　礼别尊卑　上和下睦　夫唱妇随　外受傅训　入奉母仪　诸姑伯叔　犹子比儿
孔怀兄弟　同气连枝　交友投分　切磨箴规　仁慈隐恻　造次弗离　节义廉退　颠沛匪亏
性静情逸　心动神疲　守真志满　逐物意移　坚持雅操　好爵自縻　都邑华夏　东西二京
背邙面洛　浮渭据泾　宫殿盘郁　楼观飞惊　图写禽兽　画彩仙灵　丙舍傍启　甲帐对楹
肆筵设席　鼓瑟吹笙　升阶纳陛　弁转疑星　右通广内　左达承明　既集坟典　亦聚群英
杜稿钟隶　漆书壁经　府罗将相　路侠槐卿　户封八县　家给千兵　高冠陪辇　驱毂振缨
世禄侈富　车驾肥轻　策功茂实　勒碑刻铭　磻溪伊尹　佐时阿衡　奄宅曲阜　微旦孰营
桓公匡合　济弱扶倾　绮回汉惠　说感武丁　俊乂密勿　多士寔宁　晋楚更霸　赵魏困横
假途灭虢　践土会盟　何遵约法　韩弊烦刑　起翦颇牧　用军最精　宣威沙漠　驰誉丹青
九州禹迹　百郡秦并　岳宗泰岱　禅主云亭　雁门紫塞　鸡田赤城　昆池碣石　巨野洞庭
旷远绵邈　岩岫杳冥　治本于农　务资稼穑　俶载南亩　我艺黍稷　税熟贡新　劝赏黜陟
孟轲敦素　史鱼秉直　庶几中庸　劳谦谨敕　聆音察理　鉴貌辨色　贻厥嘉猷　勉其祗植
省躬讥诫　宠增抗极　殆辱近耻　林皋幸即　两疏见机　解组谁逼　索居闲处　沉默寂寥
求古寻论　散虑逍遥　欣奏累遣　戚谢欢招　渠荷的历　园莽抽条　枇杷晚翠　梧桐蚤凋
陈根委翳　落叶飘摇　游鹍独运　凌摩绛霄　耽读玩市　寓目囊箱　易輶攸畏　属耳垣墙
具膳餐饭　适口充肠　饱饫烹宰　饥厌糟糠　亲戚故旧　老少异粮　妾御绩纺　侍巾帷房
纨扇圆絜　银烛炜煌　昼眠夕寐　蓝笋象床　弦歌酒宴　接杯举觞　矫手顿足　悦豫且康
嫡后嗣续　祭祀烝尝　稽颡再拜　悚惧恐惶　笺牒简要　顾答审详　骸垢想浴　执热愿凉
驴骡犊特　骇跃超骧　诛斩贼盗　捕获叛亡　布射僚丸　嵇琴阮啸　恬笔伦纸　钧巧任钓
释纷利俗　竝皆佳妙　毛施淑姿　工颦妍笑　年矢每催　曦晖朗曜　璇玑悬斡　晦魄环照
指薪修祜　永绥吉劭　矩步引领　俯仰廊庙　束带矜庄　徘徊瞻眺　孤陋寡闻　愚蒙等诮
谓语助者　焉哉乎也

百家姓

赵钱孙李周吴郑王　　冯陈诸卫蒋沈韩杨　　朱秦尤许何吕施张
孔曹严华金魏陶姜　　戚谢邹喻柏水窦章　　云苏潘葛奚范彭郎
鲁韦昌马苗凤花方　　俞任袁柳酆鲍史唐　　费廉岑薛雷贺倪汤
滕殷罗毕郝邬安常　　乐于时傅皮卞齐康　　伍余元卜顾孟平黄
和穆萧尹姚邵堪汪　　祁毛禹狄米贝明臧　　计伏成戴谈宋茅庞
熊纪舒屈项祝董梁　　杜阮蓝闵席季麻强　　贾路娄危江童颜郭

梅盛林刁钟徐邱骆　高夏蔡田樊胡凌霍　虞万支柯咎管卢莫
经房裘缪干解应宗　丁宣贲邓郁单杭洪　包诸左石崔吉钮龚
程嵇邢滑裴陆荣翁　荀羊於惠甄魏家封　芮羿储靳汲邴糜松
井段富巫乌焦巴弓　牧隗山谷车侯宓蓬　全郗班仰秋仲伊宫
宁仇栾暴甘钭厉戎　祖武符刘景詹束龙　叶幸司韶郜黎蓟薄
印宿白怀蒲台从鄂　索咸籍赖卓蔺屠蒙　池乔阴郁胥能苍双
闻莘党翟谭贡劳逄　姬申扶堵冉宰郦雍　慕璩桑桂濮牛寿通
边扈燕冀郏浦尚农　温别庄晏柴瞿阎充　慕连茹习宦艾鱼容
向古易慎戈廖庚终　暨居衡步都耿满弘　匡国文寇广禄阙东
殴殳沃利蔚越夔隆　师巩厍聂晁勾敖融　冷訾辛阚那简饶空
曾毋沙乜养鞠须丰　巢关蒯相查后荆红　游竺权逯盖后桓公
万俟司马上官欧阳　夏侯诸葛闻人东方　赫连皇甫尉迟公羊
澹台公冶宗政濮阳　淳于单于太叔申屠　公孙仲孙轩辕令狐
钟离宇文长孙慕容　鲜于闾丘司徒司空　亓官司寇仉督子车
颛孙端木巫马公西　漆雕乐正壤驷公良　拓拔夹谷宰父谷梁
晋楚闫法汝鄢涂钦　段干百里东郭南门　呼延归海羊舌微生
岳帅缑亢况后有琴　梁丘左丘东门西门　商牟佘佴伯赏南宫
墨哈谯笪年爱阳佟　第五言福百家姓终

三字经

人之初　性本善　性相近　习相远　苟不教　性乃迁　教之道　贵以专
昔孟母　择邻处　子不学　断机杼　窦燕山　有义方　教五子　名俱扬
养不教　父之过　教不严　师之惰　子不学　非所宜　幼不学　老何为
玉不琢　不成器　人不学　不知义　为人子　方少时　亲师友　习礼仪
香九龄　能温席　孝于亲　所当执　融四岁　能让梨　弟于长　宜先知
守孝弟　次见闻　知某数　识某文　一而十　十而百　百而千　千而万
三才者　天地人　三光者　日月星　三刚者　君臣义　父子亲　夫妇顺
曰春夏　曰秋冬　此四时　运不穷　曰南北　曰西东　此四方　应呼中
曰火水　木金土　此五行　本呼数　十干者　甲至癸　十二支　子至亥
曰黄道　日所躔　曰赤道　当中权　赤道下　温暖极　我中华　在东北
曰江河　曰淮济　此四渎　水之纪　曰岱华　嵩恒衡　此五岳　山之名
曰士农　曰工商　此四民　国之良　曰仁义　礼智信　此五常　不容紊
地所生　有草木　此植物　偏水陆　有虫鱼　有鸟兽　此动物　能飞走
稻粱菽　麦黍稷　此六谷　人所食　马牛羊　鸡犬豕　此六畜　人所饲

曰喜怒	曰哀惧	爱恶欲	七情具	青赤黄	及黑白	此五色	目所视
酸苦甘	及辛咸	此五味	口所含	膻焦香	及腥朽	此五臭	鼻所嗅
匏土革	木石金	丝与竹	乃八音	曰平上	曰去入	此四声	宜调协
高曾祖	父而身	身而子	子而孙	自子孙	至玄曾	乃九族	人之伦
父子恩	夫妇从	兄则友	弟则恭	长幼序	友与朋	君则敬	臣则忠
此十义	人所同	当顺叙	勿违背	斩齐衰	大小功	至缌麻	五服终
礼乐射	御书数	古六艺	今不具	惟书学	人共遵	既识字	讲说文
有古文	大小篆	隶草继	不可乱	若广学	惧其繁	但略说	能知原
凡训蒙	须讲究	详训诂	名句读	为学者	必有初	小学终	至四书
论语者	二十篇	群弟子	记善言	孟子者	七篇止	讲道德	说仁义
作中庸	乃孔伋	中不偏	庸不易	作大学	乃曾子	自修齐	至平治
四书熟	孝经通	如六经	始可读	诗书易	礼春秋	号六经	当讲求
有连山	有归藏	有周易	三易详	有典谟	有训诰	有誓命	书之奥
我周公	作周礼	着六官	存治体	大小戴	注礼记	述圣言	礼乐备
曰国风	曰雅颂	号四诗	当讽咏	诗既亡	春秋作	寓褒贬	别善恶
三传者	有公羊	有左氏	有谷梁	经既明	方读子	撮其要	记其事
五子者	有荀扬	文中子	及老庄	经子通	读诸史	考世系	知终始
自羲农	至皇帝	号三皇	居上世	唐有虞	号二帝	相揖逊	称盛世
夏有禹	商有汤	周文武	称三王	夏传子	家天下	四百载	迁夏社
汤伐夏	国号商	六百载	至纣王	周武王	始诛纣	八百载	最长久
周辙东	王纲坠	逞干戈	尚游说	始春秋	终战国	五霸强	七雄出
嬴秦氏	始兼并	传二世	楚汉争	高祖兴	和业建	至孝平	王莽篡
光武兴	为东汉	四百年	终于献	魏蜀吴	争汉鼎	号三国	迄两晋
宋齐继	梁陈承	为南朝	都金陵	北元魏	分东西	宇文周	与高齐
迨至隋	一土宇	不再传	失统绪	唐高祖	起义师	除隋乱	创国基
二十传	三百载	梁灭亡	国乃改	梁唐晋	及汉周	称五代	皆有由
炎宋兴	受周禅	十八传	南北混	辽与金	皆称帝	元灭金	绝宋世
舆图广	超前代	九十年	国祚废	太祖兴	国大明	号洪武	都金陵
迨成祖	迁燕京	十六世	至崇祯	权阉肆	寇如林	李闯出	神器焚
清世祖	应景命	靖四方	克大定	由康雍	历干嘉	民安富	治绩夸
道咸间	变乱起	始英法	扰都鄙	同光后	宣统弱	传九帝	满业殁
革命兴	废帝制	立宪法	建民国	古今史	全在兹	载治乱	知兴衰
史虽繁	读有次	史记一	汉书二	后汉三	国志四	兼证经	参通鉴
读史者	考实录	通古今	若亲目	口而诵	心而惟	朝于斯	夕于斯

昔仲尼	师项橐	古圣贤	尚勤学	赵中令	读鲁论	彼既仕	学且勤
披蒲编	削竹简	彼无书	且知勉	头悬梁	锥刺股	彼不教	自勤苦
如囊萤	如映雪	家虽贫	学不辍	如负薪	如挂角	身虽劳	犹苦卓
苏老全	二十七	始奋发	读书籍	彼既老	犹悔迟	尔小生	宜早思
若梁灏	八十二	对大廷	魁多士	彼既成	众称异	尔小生	宜立志
莹八岁	能咏诗	泌七岁	能赋棋	彼颖悟	人称奇	尔幼学	当效之
蔡文姬	能辨琴	谢道韫	能咏吟	彼女子	且聪明	尔男子	当自警
唐刘宴	方七岁	举神童	作正字	彼虽幼	身已仕	有为者	亦若是
犬守夜	鸡司晨	苟不学	何为人	蚕吐丝	蜂酿蜜	人不学	不如物
幼儿学	壮而行	上致君	下泽民	扬名声	显父母	光于前	裕于后
人遗子	金满籯	我教子	惟一经	勤有功	戏无益	戒之哉	宜勉力

同步训练 3.5.2 连续文章录入

下面的各篇文章字数约为 500～1000 字，尽量能在 10～20 分钟内完成其中一篇的输入。

1. 中文文章 1 废墟

我诅咒废墟，我又寄情废墟。

废墟吞没了我的企盼，我的记忆。片片瓦砾散落在荒草之间，断残的石柱在夕阳下站立，书中的记载，童年的幻想，全在废墟中殒灭。昔日的光荣成了嘲弄，创业的祖辈在寒风中声声咆哮。夜临了，什么没有见过的明月苦笑一下，躲进云层，投给废墟一片阴影。

但是，代代层累并不是历史。废墟是毁灭，是葬送，是诀别，是选择。时间的力量，理应在大地上留下痕迹；岁月的巨轮，理应在车道间辗碎凹凸。没有废墟就无所谓昨天，没有昨天就无所谓今天和明天。废墟是课本，让我们把一门地理读成历史；废墟是过程，人生就是从旧的废墟出发，走向新的废墟。营造之初就想到它今后的凋零，因此废墟是归宿；更新的营造以废墟为基地，因此废墟是起点。废墟是进化的长链。一位朋友告诉我，一次，他走进一个著名的废墟，才一抬头，已是满目眼泪。这眼泪的成分非常复杂。是憎恨，是失落，又不完全是。废墟表现出固执，活像一个残疾了的悲剧英雄。废墟昭示着沧桑，让人偷窥到民族步履的蹒跚。废墟是垂死老人发出的指令，使你不能不动容。

废墟有一种形式美，把拨离大地的美转化为皈附大地的美。再过多少年，它还会化为泥土，完全融入大地。将融未融的阶段，便是废墟。母亲微笑着怂恿过儿子们的创造，又微笑着收纳了这种创造。母亲怕儿子们过于劳累，怕世界上过于拥塞。看到过秋天的飘飘黄叶吗？母亲怕它们冷，收入怀抱。没有黄叶就没有秋天，废墟就是建筑的黄叶。

人们说，黄叶的意义在于哺育春天。我说，黄叶本身也是美。

两位朋友在我面前争论。一位说，他最喜欢在疏星残月的夜间，在废墟间独行，或吟诗，或高唱，直到东方泛白；另一位说，有了对晨曦的期待，这种夜游便失之于矫揉。他的习惯，是趁着残月的微光，找一条小路悄然走回。我呢，我比他们年长，已没有如许豪情和精力。我只怕，人们把所有的废墟都统统刷新、修缮和重建。不能设想，古罗马的角斗场需要重建，庞贝古城需要重建，柬埔寨的吴哥窟需要重建，玛雅文化遗址需要重建。

这就像不能设想，远年的古铜器需要抛光，出土的断戟需要镀镍，宋版图书需要上塑，马王堆的汉代老太需要植皮丰胸、重施浓妆。

只要历史不阻断，时间不倒退，一切都会衰老。老就老了吧，安详地交给世界一副慈祥美。假饰天真是最残酷的自我糟践。没有皱纹的祖母是可怕的，没有白发的老者是让人遗憾的。没有废墟的人生太累了，没有废墟的大地太挤了，掩盖废墟的举动太伪诈了。

还历史以真实，还生命以过程。

——这就是人类的大明智。

2．中文文章2 好大好大的蓝花

二岁，住在重庆，那地方有个好听的名字，叫金刚玻，记忆就从那里开始。似乎自己的头特别大，老是走不稳，却又爱走，所以总是跌跤，但因长得圆滚倒也没受伤。她常常从山坡上滚下去，家人找不到她的时候就不免要到附近草丛里拨拨看，但这种跌跤对小女孩来说，差不多是一种诡秘的神奇经验。有时候她跌进一片森林，也许不是森林只是灌木丛，但对小女孩来说却是森林，有时她跌跌撞撞滚到池边，静静的池塘边一个人也没有，她发现了一种"好大好大蓝色的花"，她说给家人听，大家都笑笑，不予相信，那秘密因此封缄了十几年。直到她上了师大，有一次到阳明山写生，忽然在池边又看到那种花，象重逢了前世的友人，她急忙跑去问林玉山教授，教授回答说是"鸢尾花"，可是就在那一刹那，一个持续了十几年的幻象忽然消灭了。那种花从梦里走到现实里来。它从此只是一个有名有姓有谱可查的规规矩矩的花，而不再是小女孩记忆里好大好大几乎用仰角才能去看的蓝花了。

如何一个小孩能在一个普普通通的池塘边窥见一朵花的天机，那其间有什么神秘的召唤？三十六年过去，她仍然惴惶不安地走过今春的白茶花，美，一直对她有一种蛊惑力。

如果说，那种被蛊惑的遗传特质早就潜伏在她母亲身上，也是对的。一九四九，世难如涨潮，她仓促走避，财物中她撇下了家传宗教中的重要财物"舍利子"，却把新做不久的大窗帘带着，那窗帘据席慕蓉回忆起来，十分美丽，初到台湾，母亲把它张挂起来，小女孩每次睡觉都眷眷不舍地盯着看，也许窗帘是比舍利子更为宗教更为庄严的，如果它那玫瑰图案的花边，能令一个小孩久久感动的话。

3．中文文章3

远方，除了遥远，一无所有。海子是这样说的。岁月流逝了，也褪去了许多青绿的梦。但心中依然澎湃着流浪的激情。远方总有一种声音在呼唤着我，让我趁着年轻，背起行囊，浪迹天涯。

当夜幕降临，满眼都是灯红酒绿，青男绿女，我知道我的梦想将成为经典绝唱。当爱情在利益的暗流下泛滥，当如水的灵魂遗失在街头之时，当勇敢的呐喊也开始缄默之时，当人们开始为世俗追逐，流于庸俗，我的心也开始躁动不安，只想逃离人群。但这里只有热闹，没有灯火阑珊。我总想丢弃世俗的功名利禄与浮华，把喧嚣踩在脚下，寻找一片心灵的桃花源。梦想在远方召唤我，我想去流浪。我的生命里浸透了流浪的芬芳。我的眼睛实在揉不进半点肮脏。

我想在秋风萧瑟的黄昏背上吉他起程，身后是一片落日的余晖，满地的落叶。无须为我舞蹈送行。繁华落尽，就让太阳为我悲壮！也无须挽留唤醒我，因为我不是在梦游，我只是一个孤独的流浪者。你无法唤醒我，因为我的梦在，注定要漂泊。当时只剩我一人咀嚼，那就请让满天的星星点缀我绿色的梦。

踏着历史的尘埃，顶着古老的月亮，怀着虔诚的心，向着远方。我只想看看那大漠里欢快舞蹈的风沙与落日，看看那大如席的燕山的雪花，看看那卷起千堆雪的海浪。我只想把千山万水走遍。

4．中文文章 4

这个冬天，我很少看见零落的星光。尽管很长很长的时间都是持续的晴天。今年的秋天，真的就像飞逝而去飘落的那些回忆。好像整个秋天的伤感都移到了冬天。不仅只是伤感，遗落的还有冻结的年少往事。冬天的雪大片大片，掩埋了思念。没有想过怎么会在这个冬天活在蔓延无边的空虚寂寞里。我在所有人中间笑着，看着他们来来去去的身影。有人说，我变得很快乐了。到底是不是呢？为什么我会在看着夕阳消失的时候一瞬间很忧伤。很多时候，我想让自己变成一个任性的孩子。而那样单纯的样子只是出现在梦里。梦醒来，我发现自己依然寂寞，依然是个落魄的人。我在梦里幻化成一片飘落的枫叶，有过的故事在秋天里百转千回，断断续续。我是谁的过客，留在我梦里的纯真是谁当年的样子，只是当年才有的样子。这个冬天，阳光很好，真的很好。而我，却一点一点远离了曾经想念过的很多很多人。那些点缀过我铅灰色天空的光亮，正慢慢消散在苍茫的冬雾里，凝结成忧伤的水珠，再后来，全都消失不见……

去关注那些同样在生活漫长的期待中进行着无休止的追寻的孩子，告诉他们：只要希望不停止，只要心灵世界的追寻不停止，那些梦想终有一天会来到眼前。

5．中文文章 5

许多孩子都喜欢一边听音乐，一边学习，家长对此并不赞同。美国科学家 7 月 24 日发表的观点对家长们是一种支持。文章指出，一心多用与专心致志是两种完全不同的学习方式，不仅过程不同，而且效率迥异。受其他事物干扰时，人对所学知识往往掌握不牢，导致日后运用困难。

人类主要有两种学习方式。

叙述性学习：人类在进行叙述性学习时，大脑记忆储存区十分活跃，能够比较牢固地掌握所学知识，以便日后灵活运用。例如，你把电话号码背下来，必要时能随时随地说出它，这就是叙述性学习。

习惯性学习：习惯性学习则是一种"耳熟能详"的学习方法。例如，如果别人在你面前反复提到一个电话号码，你就会对它有印象。虽然你不能说出具体数字，但能在电话机上拨出完整号码。

叙述性学习显然比习惯性学习更具优势，因为使用习惯性学习方法获取的知识，只有在特定情况下才能被激活，不能随时使用。除了过程和成效不同，叙述性学习和习惯性学习还是两种互不兼容的学习方式。在某一特定时刻，只有其中一种方式起作用。

通过对 14 名受试者进行脑成像研究，专家发现，当专心致志、集中全部精力学习时，人一般使用叙述性学习方法。而一心多用、分神同时处理多种信息时，则多数使用习惯性学习方法。